Lambeck · Barkhausen-Effekt und Nachwirkung in Ferromagnetika

BARKHAUSEN-Effekt und Nachwirkung in Ferromagnetika

sowie analoge Erscheinungen in der Festkörperphysik

von

Prof. Dr.-Ing. Martin Lambeck

I. Physikalisches Institut
der Technischen Universität, Berlin

mit 62 Abbildungen
und 359 Literaturzitaten

Walter de Gruyter & Co.
Berlin 1971

Das vorliegende Buch beruht auf Untersuchungen, die am I. Physikalischen Institut der Technischen Universität Berlin durchgeführt wurden. Herrn Prof. Dr. H. Boersch, dem Direktor dieses Instituts, sage ich meinen herzlichen Dank für sein stetes, förderndes Interesse, zahlreiche wertvolle Diskussionen und die Bereitstellung von Institutsmitteln.

Mein Dank gilt ferner allen Studenten und Kollegen, die durch die im Literaturverzeichnis genannten Studien- und Diplomarbeiten bzw. unveröffentlichtes Material wesentlich zum Gelingen dieser Arbeit beigetragen haben sowie dem Verlag Walter de Gruyter & Co. für die sehr angenehme Zusammenarbeit.

Berlin, im September 1970 *M. Lambeck*

Inhaltsverzeichnis

1. Einleitung und Inhaltsübersicht

Die auffälligste Eigenschaft der Ferromagnetika ist das Auftreten einer Hystereseschleife, die den nichtlinearen, von der Vorgeschichte abhängigen Verlauf der Magnetisierung als Funktion der Feldstärke kennzeichnet. Die Hysterese ergibt sich durch Messung der resultierenden Magnetisierung innerhalb der gesamten Probe und erlaubt daher nur pauschale Aussagen über den Ablauf des Ummagnetisierungsvorgangs. Erst durch genauere Beobachtung treten zwei weitere Phänomene in Erscheinung, die für die Elementarvorgänge der Ummagnetisierung im mikroskopischen Maßstab charakteristisch und für die Anwendung der Werkstoffe von Bedeutung sind.

1. Während die Hysterese in erster Näherung als stetige Kurve erscheint, stellte BARKHAUSEN [1,2] durch genauere Messung fest, daß die Ummagnetisierung in Wirklichkeit in Form von kleinen Sprüngen erfolgt. Dieser BARKHAUSEN-Effekt tritt zum Beispiel bei Verwendung von Spulen mit ferromagnetischem Kern in Verstärkern als störendes Rauschen in Erscheinung. Das Studium dieser sprunghaften Magnetisierungsänderungen erlaubt Schlüsse auf die Inhomogenitäten des Materials, die den kontinuierlichen Ablauf der Ummagnetisierung behindern.

2. Der Magnetisierungszustand hängt nicht nur gemäß der Hystereseschleife von dem augenblicklichen Wert des Feldes, sondern auch von der Zeit ab. Nach einer Änderung des Feldes nimmt die Magnetisierung nicht sofort einen stationären Wert an, sondern erreicht diesen erst nach mehr oder weniger langer Zeit. Hier kommt also die Wirkung (die Magnetisierung) erst zeitlich verzögert nach der Ursache (dem Feld); daher werden alle Erscheinungen dieser Art als *Nachwirkung* bezeichnet. Die vielfältigen Formen der Nachwirkung lassen sich etwas vereinfacht in zwei Gruppen zusammenfassen:

a) Richtersche Nachwirkung. Die Magnetisierungsstrukturen treten in Wechselwirkung mit den atomaren Gitterbausteinen und -fehlern, die sich im Lauf der Zeit im Kristall bewegen können. Diese Diffusionsbewegung verursacht eine Dissipation von Energie, die dem äußeren Feld entzogen wird. Der Vorgang bewirkt eine innere Dämpfung bzw. reibungsähnliche Behinderung des Ummagnetisierungsvorgangs. *Der Einfluß der Richterschen Nachwirkung ist dem äußeren Feld entgegengerichtet.* Infolge der Richterschen Nachwirkung erreicht also die Magnetisierung in einem gegebenen Feld einen kleineren Wert als ohne diese Erscheinung.

b) Jordansche Nachwirkung. Die magnetische Energie innerhalb eines Ferromagnetikums ist nicht vollkommen konstant, sondern unterliegt thermodynamischen Schwankungserscheinungen. Diese verursachen – analog zur Brownschen Molekularbewegung – eine unregelmäßige Schwankung der Magnetisierungsstruktur, wodurch diese im Lauf der Zeit auch energetisch ungünstige Positionen erreichen kann. Diese „thermische Aktivierung" unterstützt die Wirkung des äußeren Feldes. *Die Jordansche Nachwirkung ist dem äußeren Feld gleichgerichtet.* Infolge der Jordanschen Nachwirkung erreicht also die Magnetisierung in einem gegebenen Feld einen größeren Wert als ohne diese Erscheinung.

Auf Grund des betrachteten Mechanismus ergibt sich als kürzestes Unterscheidungsmerkmal: Die Jordansche Nachwirkung entsteht infolge der Beeinflussung der Magnetisierung durch die Schwankungserscheinungen des als Quasikontinuum gedachten Ferromagnetikums; die Richtersche Nachwirkung durch die Wechselwirkung mit den atomaren Bausteinen.

In eigenen Untersuchungen wurden wesentliche *Unterschiede zu den bisherigen Experimenten und Theorien* festgestellt, die sich in vier Punkten zusammenfassen lassen.

a) die bisherigen Untersuchungen hatten ergeben, daß die Intensität des BARKHAUSEN-Effektes unterhalb der Zimmertemperatur konstant bleibt oder ansteigt, was durch die vorhandenen Theorien gut gedeutet werden kann. Dagegen ergaben die eigenen Versuche an zahlreichen Substanzen eine *starke Verminderung des BARKHAUSEN-Effektes bei Abkühlung*, die sich durch die vorliegenden Theorien dieser Erscheinung nicht erklären läßt.

b) Da die Jordansche Nachwirkung als Folge der „thermischen Aktivierung" gedeutet wird, sollte sich ihr Einfluß bei Abkühlung vermindern, was auch von den meisten anderen Autoren festgestellt wurde. Dagegen zeigen die eigenen Messungen an zahlreichen Substanzen eine *starke Zunahme der Jordanschen Nachwirkung mit sinkender Temperatur.*

c) In bisherigen Arbeiten über die Ummagnetisierung dünner Schichten wurde der Einfluß der Richterschen Nachwirkung nicht berücksichtigt. Die eigenen Versuche ergaben, daß die *Richtersche Nachwirkung in dünnen Schichten* einen wesentlichen Einfluß auf die Ummagnetisierung ausübt.

d) Die thermisch aktivierte Wandbewegung in dünnen Schichten weicht bei tiefen Temperaturen von dem nach den bisherigen Theorien berechneten Verhalten ab.

Diese Aussagen stützen sich auf ein Erfahrungsmaterial, das gegenüber dem bisher bekannten in drei Punkten erweitert wurde.

a) Die bisherigen Untersuchungen wurden vorwiegend an massivem Material durchgeführt, wodurch die Effekte nur pauschal erfaßt werden können. Dagegen wurden hier hauptsächlich dünne Schichten untersucht, so daß der jeweilige Elementarvorgang selbst der Messung zugänglich und insbesondere durch die Anwendung magnetooptischer Methoden besser beobachtbar wird als dies bei massivem Material der Fall ist.

b) Ferner wurden die bisherigen Untersuchungen hauptsächlich an schnellen Ummagnetisierungsvorgängen (50 Hz und darüber) durchgeführt, die im wesentlichen durch sekundäre Einflüsse wie Wirbelstrom- und Spindämpfung bestimmt sind. In den eigenen Arbeiten wurden vorwiegend langsame Ummagnetisierungsvorgänge (unter 1 Hz) untersucht und dabei festgestellt, daß diese besonders geeignet sind, Informationen über die eigentlichen Magnetisierungsvorgänge im mikroskopischen Maßstab zu vermitteln.

c) Die Theorien des BARKHAUSEN-Effektes und der Nachwirkung enthalten temperaturabhängige Größen. Soweit bisher Messungen der Temperaturabhängigkeit durchgeführt wurden, erstreckten sich diese meist auf den Bereich oberhalb Zimmertemperatur. Hierdurch ist die Variation der Temperatur im absoluten Maßstab gering; ferner werden die Messungen durch die Möglichkeit chemischer Veränderungen der Probe erschwert. Die hier vorliegenden Messungen wurden im Bereich von 300°K bis 77°K, teilweise bis 3°K durchgeführt, wodurch ein Temperaturverhältnis von 1:4 bzw. 1:100 überstrichen werden konnte, während die Möglichkeit chemischer Veränderungen stark vermindert ist.

Derartige Untersuchungen sind auch von technischer Bedeutung. In der Anwendung der Schichten als Speicherelemente in Rechenanlagen sind die durch die Ummagnetisierung induzierten Signale wegen der geringen Menge der ferromagnetischen Substanz sehr klein (kleiner als bei Ferritkernen). Daher muß die Dämpfung der Signale in den elektrischen Leitungen möglichst gering gehalten werden. Deshalb ist mehrfach versucht worden, die Speicher bei tiefer Temperatur zu betreiben, um den elektrischen Widerstand der Leitungen herabzusetzen. Außerdem treten derartige Fragen in der Raumfahrt auf. Über die Eigenschaften der ferromagnetischen Schichten bei tiefen Temperaturen ist bisher nur wenig bekannt. Die vorliegenden Untersuchungen stellen daher auch einen Beitrag zur Technologie der Speicherelemente dar.

Die Arbeit ist nach folgendem Gedankengang aufgebaut: Im Abschnitt 3 werden die wichtigsten für die Behandlung von BARKHAUSEN-Effekt und Nachwirkung erforderlichen Grundtatsachen des Ferromagnetismus zusammengestellt. Es wird gezeigt, daß das Energiegleichgewicht zwischen magnetischen Bereichen und Wänden je nach Größe, Form und Materialeigenschaft der Probekörper zur Ausbildung verschiedener Magnetisierungsstrukturen führt. Dabei wird der Unterschied zwischen dem massiven Material und den dünnen Schichten herausgearbeitet, da dieser für die Deutung der Theorien und einen Vergleich der Experimente von entscheidender Bedeutung ist. Hier spielt der Begriff des *Einbereichverhaltens* eine besondere Rolle, der in Abschnitt 3.4. erläutert wird.

In Abschnitt 4 wird berücksichtigt, daß in einem realen, d.h. inhomogenen Material die Wandenergie ortsabhängig ist und daher für jede Änderung der Magnetisierungsstruktur Arbeit durch das äußere Feld geleistet werden muß. Die Darstellung der *Ortsabhängigkeit der Wandenergie* in einem *Potentialmodell* erlaubt ein qualitatives Verständnis des BARKHAUSEN-Effektes und der Koerzitivkraft sowie der Remanenz.

In Abschnitt 5 werden die Nachwirkungsvorgänge, d.h. zeitabhängige Erscheinungen des Ummagnetisierungsvorganges behandelt. Hierzu muß das Potentialmodell durch eine *Zeitabhängigkeit der Wandenergie* erweitert werden. Dies geschieht durch Berücksichtigung der Richterschen und Jordanschen Nachwirkung. Die bisher bekannten Theorien der beiden Mechanismen und die wichtigsten Experimente werden dargestellt und kritisch verglichen.

Die eigenen Experimente über BARKHAUSEN-Effekt und Nachwirkung an dünnen Schichten werden in Abschnitt 8 beschrieben. Die Abweichungen der eigenen Resultate von den Ergebnissen anderer Autoren sowie von den bisher bekannten Theorien werden diskutiert und in Abschnitt 9 durch ein *neues Wandbewegungsmodell* erklärt. Die Theorien werden so erweitert, daß sie einen größeren Teil des Erfahrungsmaterials zu deuten gestatten und die Grenzen der bisher bekannten Theorien erkennen lassen. Die Verbindungen zwischen BARKHAUSEN-Effekt und Nachwirkung werden stärker als bisher sichtbar gemacht.

In den Abschnitten 10 bis 12 werden die Temperaturabhängigkeit der thermisch aktivierten Wandbewegung, des Wandkriechens sowie des BARKHAUSEN-Effektes am massiven Material untersucht und mit den bisher bekannten Theorien verglichen.

Während der Diskussion der magnetischen Erscheinungen wird auf analoge Effekte in der Mechanik hingewiesen. Diese Vergleiche sollen nicht nur das Verständnis erleichtern, sondern auch die tatsächliche Verwandtschaft der zugrunde liegenden Erscheinungen deutlich machen. Dies gilt insbesondere für die Analogie zwischen magnetischen Wänden und mechanischen Versetzungen (Abschnitt 6).

Es sei ausdrücklich auf die in jüngster Zeit erschienenen Monographien über den BARKHAUSEN-Effekt (STIERSTADT [3]) und die Nachwirkung (KRONMÜLLER [4]) hingewiesen. Überschneidungen der eigenen Darstellung mit diesen Arbeiten werden nach Möglichkeit vermieden. Es werden daher bevorzugt die Effekte behandelt, die nach dem Erscheinen der genannten Monographien veröffentlicht oder dort aus systematischen Gründen nicht dargestellt wurden. Hierzu zählen die „außergewöhnliche Nachwirkung" (Abschnitt 3.2.6.), der Zusammenhang zwischen BARKHAUSEN-Effekt und RAYLEIGH-Schleife (4.7.), die „dynamische Rechteckigkeit" (5.4.1.), der „anomale BARKHAUSEN-Effekt" (5.4.2.), die Diskussion des Tunneleffektes (5.5.2. und 10.6.) und insbesondere alle Untersuchungen an dünnen Schichten (7 bis 11).

2. Einordnung der Arbeit in das Gesamtgebiet des Ferromagnetismus

Auf dem Gebiet des Ferromagnetismus werden aus wissenschaftlichen und technischen Gründen Arbeiten durchgeführt, deren Zahl in den letzten Jahren ständig gestiegen ist. Der Magnetic Materials Digest [5] verzeichnet allein für das Jahr 1967 mehr als 2000 Arbeiten. Dennoch ist es bisher nicht gelungen, das Gesamtgebiet des Ferromagnetismus erschöpfend zu erklären. Hierfür sind hauptsächlich folgende Gründe maßgebend:

a) Der Ferromagnetismus ist ein nur quantenmechanisch zu erklärender Effekt. Wird die Wechselwirkungsenergie der magnetischen Momente der Elektronen klassisch als Dipol-Dipol Wechselwirkung berechnet, so ergibt sich eine spontane Parallelstellung der Elektronenmomente erst unterhalb von $1°K$, während die tatsächlich beobachteten Curietemperaturen in der Größenordnung von $1000°K$ liegen. Die Existenz des Ferromagnetismus zeigt also eine viel größere Abweichung von der klassischen Physik an als etwa der Wert der spezifischen Wärme von Festkörpern, der klassisch zumindest der Größenordnung nach richtig beschrieben wird.

b) Der Ferromagnetismus ist stets ein Vielteilchenproblem und ist empfindlich von der Anordnung der Atome im Kristall abhängig. Zum Beispiel ist Eisen, solange es kubisch raumzentriert kristallisiert, ferromagnetisch; treten jedoch die Atome zu einem kubisch flächenzentrierten Kristall zusammen, verhält sich Eisen antiferromagnetisch. Aus den unter a und b genannten Gründen ist es bisher noch nicht gelungen, aus atomaren Daten und gegebener Kristallanordnung die primären ferromagnetischen Daten wie Sättigungsmagnetisierung, Curiepunkt und Kristallenergie exakt vorauszuberechnen.

c) Die ferromagnetischen Eigenschaften eines Materials sind extrem strukturempfindlich. Die für die Anwendung eines ferromagnetischen Werkstoffs entscheidenden Größen, wie Koerzitivkraft und Anfangspermeabilität hängen sehr stark von geringen Verunreinigungen (Größenordnung 10^{-5}), Kristallitgröße, Kornorientierung, mechanischen Spannungen usw. ab. Diese starke Strukturempfindlichkeit gilt insbesondere für die Erscheinungen des BARKHAUSEN-Effektes und der Nachwirkung.

Angesichts dieser Fülle von Schwierigkeiten, die sich einer allgemeingültigen theoretischen Behandlung ferromagnetischer Eigenschaften entgegenstellen, hat sich eine Einteilung der Behandlung in vier Ebenen herausgebildet, in denen – zumeist voneinander getrennt – versucht wird, zumindest Teilaspekte des Gebietes zu klären.

Die erste Ebene der Behandlung kann als *atomare Theorie* [6–12] bezeichnet werden. Sie geht von den magnetischen Eigenschaften einzelner Atome aus und versucht, durch Zusammenfügen dieser Atome zu einer linearen Kette, zu einer flächenhaften Anordnung oder zum Kristallverband die Eigenschaften der spontanen Magnetisierung zu berechnen. Charakteristische Größe dieser Wechselwirkung ist die Austauschkonstante, die die Festigkeit der Kopplung zwischen den magnetischen Momenten benachbarter Atome beschreibt.

Die zweite Ebene der theoretischen Behandlung, die *mikromagnetische Theorie* [13–16], nimmt die Existenz der Austauschkopplung als gegeben an und versucht, die Verteilung der Magnetisierungsvektoren innerhalb eines gegebenen Materials unter der Wirkung der magnetischen Anisotropien und dem Einfluß äußerer Felder zu ermitteln. Der Magnetisierungsvektor wird über etwa 100 atomare magnetische Momente gemittelt; kann daher klassisch behandelt und als kontinuierlich veränderliche Größe betrachtet werden.

Die dritte Ebene, die *Bereichstheorie* [8,10,17–30], geht von der Existenz magnetischer Bereiche aus, in denen die Magnetisierung einen nach Größe und Richtung konstanten Wert hat. Der Übergang von der Magnetisierungsrichtung eines Bereiches zu der eines anderen erfolgt in Zwischenschichten, die als Wände bezeichnet werden. Die Bereichstheorie fragt nach der Struktur der Bereiche und ihrer Veränderung unter der Wirkung äußerer Felder, die die resultierende Magnetisierung der Probe durch Rotation und Wandverschiebung verändern. Hierbei muß insbesondere die Wechselwirkung der Wände mit den Inhomogenitäten des Materials berücksichtigt werden.

Als vierte Ebene kann die Theorie der *technischen Magnetisierungskurve* bezeichnet werden [17,31–33]. Sie betrachtet das Material nach der Mittelung über viele Bereiche als quasihomogenes Gebilde, das durch die Angabe von Größen wie Sättigungsmagnetisierung, Permeabilität, Koerzitivkraft und Entmagnetisierungsfaktor charakterisiert werden kann und fragt nach dem Verhalten der als Kontinuum gedachten Magnetisierung als Funktion eines äußeren Feldes.

Die Darstellung dieser Arbeit wird sich überwiegend im Rahmen der Bereichstheorie bewegen.

3. Magnetische Bereiche und Wände

3.1. Überblick

Ferromagnetische Stoffe zeigen zwei Eigenschaften, die sie vollkommen von dem Verhalten der Paramagnetika, aus denen sie aufgebaut sind, unterscheiden. Erstens können Ferromagnetika schon in geringen äußeren Feldern einen Wert der Magnetisierung erreichen, der um etwa 6 Größenordnungen höher ist als der des paramagnetischen Materials. Zweitens können sie in Feldern der gleichen Größenordnung jedoch auch die Magnetisierung Null annehmen.

WEISS [34] deutete diese Erscheinung durch die Einführung zweier Hypothesen: Erstens sollte in Ferromagnetika ein sehr starkes „Molekularfeld" wirken, das die hohe Magnetisierung in kleinen Feldern ermöglicht. Diese Hypothese ist heute nur noch von historischem Interesse, da das Molekularfeld durch die quantenmechanische Austauschwechselwirkung ersetzt werden konnte.

Wichtiger und bis heute gültig ist die zweite Hypothese, mit der WEISS die Tatsache deutete, daß Ferromagnetika auch die Magnetisierung Null aufweisen können. Die durch das Molekularfeld hervorgerufene hohe Magnetisierung sollte nur in kleinen Gebieten – die später als *Weißsche Bereiche* bezeichnet wurden – einheitlich ausgerichtet sein*. Innerhalb eines großen Stück Materials soll die Magnetisierungsrichtung der Bereiche regellos so verteilt sein, daß sich insgesamt nach außen die Magnetisierung Null ergibt, wenn kein ausrichtendes Feld auf die Bereiche wirkt. WEISS nahm an, daß diese Bereiche mit den Kristalliten des Materials identisch seien; über ihre Größe und Form wurden keine weiteren Aussagen gemacht.

Bei einem Ferromagnetikum müssen daher zwei grundsätzlich verschiedene Erscheinungen klar unterschieden werden:

a) Die infolge der Austauschwechselwirkung auftretende *Kopplung der atomaren Magnete zur spontanen Magnetisierung* innerhalb der Weißschen Bereiche. Diese Kopplung (und damit die Intensität der spontanen Magnetisierung) ist nur wenig strukturempfindlich und folgt bei allen Ferromagnetika nahezu derselben (auf die Curietemperatur bezogenen) Temperaturabhängigkeit. Die Intensität der spontanen Magnetisierung wird durch ein äußeres Feld praktisch nicht geändert.

* Die Annahme der gruppenweise einheitlichen Ausrichtung von „Elementarmagneten" geht auf EWING [35] zurück.

b) Die *Ausrichtung der spontanen Magnetisierung* innerhalb einer Vielzahl Weißscher Bereiche *durch ein äußeres Feld*, die zur resultierenden technischen Magnetisierung des Probekörpers führt. Das äußere Feld ändert hierbei nur die Richtung, nicht die Größe der spontanen Magnetisierung. Die Wirkung des äußeren Feldes ist um so größer, je leichter sich die Richtung der spontanen Magnetisierung beeinflussen läßt und wird durch die Permeabilität gekennzeichnet. Die Permeabilität hängt in komplizierter Weise von der Vorgeschichte ab; sie ist sehr stark strukturempfindlich; ihre Temperaturabhängigkeit ist für alle Materialien verschieden.

BLOCH [36] erkannte, daß die Magnetisierungsrichtung der einzelnen Bereiche nicht sprunghaft von einer Atomlage zur anderen wechseln kann, daß vielmehr die Übergangsschicht eine von Null verschiedene Dicke und Energie haben muß. Diese Übergangsschicht zwischen Bereichen mit unterschiedlichen Magnetisierungsrichtungen wird heute als *BLOCH-Wand* bezeichnet. Die Bereiche selbst wurden als langgestreckte Gebilde angenommen.

LANDAU und LIFSCHITZ [37] berechneten die Größe und Gestalt der Bereiche, wobei sie das entmagnetisierende Feld an der Oberfläche des Probekörpers berücksichtigten und erkannten, daß die Ausbildung der Bereiche von der Größe und Form des gesamten Körpers abhängt. Daher brauchen die Bereiche nicht immer langgestreckt zu sein und fallen im Allgemeinen auch nicht mit den Kristalliten zusammen. Diese von LANDAU und LIFSCHITZ stammende Theorie wurde später hauptsächlich von KITTEL [38,39] und NÉEL [40] vervollständigt und bildet die Grundlage der heute verwendeten Bereichstheorie.

Während LANDAU und LIFSCHITZ die Bereichsstrukturen in Körpern berechneten, die groß gegen die einzelnen Bereiche sind, wandten sich FRENKEL und DORFMAN [41] der Frage nach der Existenz von Bereichen und Wänden in sehr kleinen Körpern zu. Sie erhielten das wichtige Ergebnis, daß sich Wände und Bereiche nicht in beliebig kleinen Dimensionen bilden können. Vielmehr gibt es als Folge des Gleichgewichtes zwischen der magnetischen Kristallenergie (die eine Volumenenergie ist) und der Wandenergie (die eine Oberflächenenergie darstellt) ein kleinstes Volumen, in dem sich noch Wände ausbilden können. Unterhalb eines solchen Minimalvolumens können keine Wände mehr existieren. Ein solcher Körper verhält sich dann allein auf Grund seiner Geometrie stets wie ein bis zur Sättigung magnetisierter Permanentmagnet; er wird zum *Einbereich*. (Abschnitt 3.4.) Die Einbereichteilchen haben als Bestandteil von Permanentmagneten starke technische Bedeutung erlangt [17,31,42].

3.2. Magnetische Energien

Die Magnetisierungsstrukturen ergeben sich aus der Bedingung, daß die freie Energie des Gesamtsystems ein Minimum annehmen soll. Hierbei sind die folgenden Energieterme zu berücksichtigen.

3.2.1. Kristallenergie

Innerhalb eines Kristalls sind die kristallographischen Richtungen in magnetischer Hinsicht nicht gleichberechtigt, vielmehr können eine oder mehrere Richtungen energetisch bevorzugt sein. In diesen „leichten Richtungen“ liegt die Magnetisierung, wenn kein äußeres Feld auf sie wirkt. Soll die Magnetisierung aus einer dieser leichten Richtungen herausgedreht werden, so muß durch das äußere Feld Arbeit geleistet werden, die im einfachsten Fall uniachsialer Anisotropie pro Volumeneinheit näherungsweise durch den Ausdruck

$$E_K = K \sin^2 \alpha \tag{1}$$

beschrieben werden kann. Darin bedeuten K die Kristallenergiekonstante und α den Winkel zwischen der leichten Richtung und dem Magnetisierungsvektor. Dagegen liegen bei kubisch raumzentrierten Eisen die leichten Richtungen in den Würfelkanten, während die Raumdiagonale die schwere Richtung darstellt. Im Bezug auf die Kristallenergie sind antiparallele Richtungen gleichwertig.

3.2.2. Austauschenergie

Für die Existenz des ferromagnetischen Zustands ist die Kopplung benachbarter Spins durch Austauschwechselwirkung charakteristisch. Diese wird (vgl. Abschnitt 2) im Rahmen der Bereichstheorie als gegeben betrachtet. Zwischen den Spins benachbarter Atome besteht eine Wechselwirkungsenergie

$$E_A = -2\,A \cos \phi \tag{2}$$

A ist die Austauschenergie, ϕ bedeutet den Winkel zwischen benachbarten Spins. Erfolgt der Übergang aus der Magnetisierungsrichtung eines Bereiches zur antiparallelen Richtung von einer Atomlage zur anderen, so ist $\phi = \pi$, so daß E_A einen Maximalwert erreicht. Dieser sprunghafte Wechsel der Magnetisierungsrichtung erfordert also einen hohen Betrag an Austauschenergie. Die Austauschenergie kann vermindert werden, wenn der Übergang zwischen antiparallelen Magnetisierungsrichtungen allmählich über viele Atomlagen hinweg erfolgt. Dann ist der Winkel zwischen benachbarten Spins klein, so daß Gl. 2 als

$$E_A = A\,\phi^2 + \text{const} \tag{3}$$

geschrieben werden kann. Entscheidend ist, daß in Gl. 3 der Winkel zwischen benachbarten Spins *quadratisch* eingeht. Hierdurch besteht die Tendenz, die Dicke der Wand zu erhöhen*. Erfolgt die Magnetisierungsdrehung in N Schritten, also

* Mechanische Analogie: Auch bei der Torsion eines Stabes ist die aufzuwendende Arbeit proportional zum Quadrat des Torsionswinkels je Längeneinheit. Wird eine Gesamttorsion des Stabes von 180° vorgegeben, so hat der Stab das Bestreben, die tordierenden Halterungen möglichst weit voneinander zu entfernen, um (ebenso wie die Wand) die Gesamttorsion auf eine möglichst große Streckc zu verteilen.

N Atomlagen, so ist der Winkel zwischen den Spins zweier benachbarter Atomlagen nur noch π/N. In einem Kristall der Gitterkonstante a liegen pro cm^2 Wandfläche $1/a^2$ derartige Spin-Reihen vor. Die in der gesamten Übergangsschicht aufzuwendende Energie ist

$$E_A = \frac{NA}{a^2} (\pi/N)^2 = A\,\pi^2/a^2 N \tag{4}$$

Die zur Bildung der Wand erforderliche Energie nimmt also mit steigender Wanddicke ab.

Andererseits nimmt die Kristallenergie proportional zur Wanddicke zu, da in der Wand die Spins gegen die leichte Richtung gedreht sind.

$$E_K = KNa \tag{5}$$

Die Kristallenergie hat also die Tendenz, die Wanddicke zu vermindern, während die Austauschenergie sie zu erhöhen sucht. Die Wanddicke ergibt sich aus der Forderung, daß die Summe der Energien nach Gl. 4 u. 5 als Funktion von N ein Minimum annimmt. Daraus folgt

$$N = \pi\,(A/K)^{1/2}\;a^{-3/2} \tag{6}$$

für die Zahl der Atomlagen in der Wand und

$$E_W = 2\,\pi\,(AK)^{1/2}\;a^{-1/2} \tag{7}$$

für die Energie der Wand pro Flächeneinheit.

Diese Werte ergeben im Fall des Eisens für die Dicke der Wand N = 150 Atomlagen entsprechend ca 420 Å und eine Wandenergieflächendichte von ca 1 erg/cm^2. (Im folgenden wird, wie in der Literatur üblich, der kürzere Ausdruck „Wandenergie" verwendet).

Das Ergebnis dieser vereinfachenden Rechnung ist*, daß infolge der entgegengerichteten Tendenzen der Austausch- und Anisotropieenergie *Wanddicke und -energie von Null verschieden sind.*

3.2.3. Spannungsenergie

Wird ein Ferromagnetikum einheitlich magnetisiert, so tritt je nach dem Material in der Magnetisierungsrichtung eine Verlängerung oder Verkürzung ein, die als positive bzw. negative Magnetostriktion bezeichnet wird. Dieser Effekt ist umkehrbar. Wird ein Ferromagnetikum mit positiver Magnetostriktion durch einen äußeren mechanischen Zug gedehnt, so wird hierdurch die Zugrichtung zur leich-

* Quantitativ genauere Rechnung unter Berücksichtigung der ungleichmäßigen Drehung der Spins in der Wand sowie weiterer Anisotropieterme siehe [43–45].

ten Richtung, da durch Magnetisierung in Zugrichtung eine Dehnung erfolgt, die Spannung also vermindert wird (Prinzip vom kleinsten Zwang). Soll die Magnetisierung eines Werkstoffs, der unter Zug steht, aus der mechanisch bedingten leichten Richtung herausgedreht werden, so ist pro Volumeneinheit die Arbeit

$$E_\sigma = \frac{3}{2} \lambda \, \sigma \sin^2 \beta \tag{8}$$

zu leisten, wobei λ die Zugspannung, σ die (isotrope) Magnetostriktionskonstante und β den Winkel zwischen der Vorzugsrichtung und der Magnetisierungsrichtung bedeuten. Antiparallele Richtungen sind energetisch gleichwertig.

3.2.4. Feldenergie

Treten an der Oberfläche eines Probekörpers freie Magnetpole auf, so erzeugen sie ein Streufeld, dessen Energie durch

$$E_F = \frac{\mu}{2} \int H^2 \, dV \tag{9}$$

gegeben ist. Die Integration ist über den gesamten Raum zu erstrecken. Im Innern des Materials wirkt das Feld der Magnetisierung entgegen. Dieses entmagnetisierende Feld kann nur für Rotationsellipsoide exakt berechnet werden; für andere Probenformen sind Näherungsformeln entwickelt worden [46,47].

3.2.5. Magnetfeldinduzierte Anisotropie

Wird während des Aufdampfens von Permalloyschichten auf eine geheizte Unterlage ein Magnetfeld in der Schichtebene angelegt, so „erinnert“ sich die Schicht nach dem Abkühlen an dieses Feld. Die Richtung, in der das Magnetfeld lag, wird zur leichten Richtung, so daß die Schicht eine „magnetfeldinduzierte uniaxiale Anisotropie“ zeigt [48]. Soll die Magnetisierung aus der leichten Richtung herausgedreht werden, so ist pro Volumeneinheit die Arbeit

$$E_{K,M} = K_M \sin^2 \alpha \tag{10}$$

zu leisten.

K_M: Anisotropiekonstante; α: Winkel zwischen der Magnetisierung und der leichten Richtung. Antiparallele Richtungen sind energetisch gleichwertig.

Die Richtung senkrecht zur leichten Richtung wird als „schwere Richtung“ bezeichnet. Die Möglichkeit, den Schichten eine einachsige Anisotropie einzuprägen, spielt für ihre Anwendung in Rechenanlagen eine große Rolle. Als Ursache dieser Erscheinung wird eine Ausrichtung von Eisen-Nickel Atompaaren angenommen. Zahlreiche zu diesem Thema durchgeführte Arbeiten [49–54] ergaben hinsichtlich der Einzelheiten des Vorgangs ein sehr komplexes Bild, das noch nicht alle Eigenschaften des Phänomens restlos klärt.

3.2.6. Austauschanisotropie

Grenzt eine ferromagnetische Substanz an eine antiferromagnetische (zum Beispiel der Kern eines Kobaltteilchens an seine oxidierte Oberfläche), so tritt an der Grenzfläche Austauschkopplung ein [55–60]. Oberhalb des NÉEL-Punktes von CoO (290°K) ist der Kern ferromagnetisch, die Oxidschicht paramagnetisch. Wird das Kobalt durch ein äußeres Feld einheitlich magnetisiert und das Teilchen unter den NÉEL-Punkt des CoO abgekühlt, so entsteht eine Kopplung zwischen Hülle und Kern. Bei tiefer Temperatur wird dann die antiferromagnetische Momentenanordnung der Hülle durch ein äußeres Feld nicht (oder nur wenig) geändert, so daß infolge der Kopplung die ursprüngliche Magnetisierungsrichtung des Kerns vor der Gegenrichtung bevorzugt wird. Das System zeigt hierdurch eine *unidirektionale Anisotropie*, die durch einen Energieterm

$$E_{ex} = -K_{ex} \cos \phi \tag{11}$$

beschrieben werden kann. K_{ex}: Konstante der Austauschanisotropie; ϕ: Winkel der Magnetisierung gegen die ursprüngliche Richtung.

Daher sind – im Gegensatz zu den vorher genannten Anisotropieerscheinungen – antiparallele Richtungen nicht mehr gleichwertig (die Winkelfunktion geht hier linear ein). Die Hystereseschleife solcher Substanzen ist in der Feldrichtung verschoben, d.h. die Koerzitivkräfte in positiver und negativer Feldrichtung sind verschieden [61–65].

In einigen Fällen wurde beobachtet, daß die Verschiebung der Schleife im Laufe der Zeit bzw. mit steigender Zyklenzahl abnahm. Diese Zeitabhängigkeit der Austauschkopplung wurde von JACOBS und KOUVEL [66] als „außergewöhnliche Nachwirkung" (extraordinary viscosity) bezeichnet und der Neuorientierung der Hülle durch den Kern zugeschrieben. *Es ist selbstverständlich, daß eine derartige zeitabhängige Anisotropie einen wesentlichen Einfluß auf die anderen Formen der Nachwirkung sowie den BARKHAUSEN-Effekt ausübt.* Daher wird das Zusammenwirken der Effekte gegenwärtig untersucht [67].

Die in einem ferromagnetischen Material auftretende Verteilung der Magnetisierungsvektoren ist aus der Forderung zu berechnen, daß die Summe der angegebenen Energien ein Minimum annehmen soll. Eine allgemeingültige Lösung dieses Problems ist bisher noch nicht gefunden worden. Nur für einige wenige Spezialfälle konnten Lösungen oder Abschätzungen angegeben werden. Im allgemeinen ist wegen der mathematischen Schwierigkeiten eine direkte Berechnung der Bereichsstruktur nicht möglich. Stattdessen betrachtet man eine Anzahl plausibel erscheinender Konfigurationen und schließt aus der relativen Bedeutung der Energieterme auf die jeweils günstigste Struktur. Eine ausführliche Diskussion der Kriterien für die Aufstellung solcher Konfigurationen wurde von HUBERT [68] durchgeführt. Derartige Abschätzungen werden in dem folgenden Abschnitt verwendet, um eine Einteilung der Ferromagnetika nach dem Typ ihrer Bereichsstrukturen zu treffen.

3.3 Bereichsstrukturen im massiven Material

Es werde ein ideal homogener ferromagnetischer Einkristall in verschiedenen Magnetisierungszuständen betrachtet und die Beiträge der Energieterme diskutiert. Der Einfachheit halber seien äußere mechanische Spannungen ausgeschlossen; die Würfelkanten seien die magnetisch leichten Richtungen (Abb. 1).

a) der Würfel ist homogen magnetisiert, die Wandenergie also Null. Ebenso ist (voraussetzungsgemäß) die Spannungsenergie gleich Null und die Kristallenergie ebenfalls gleich Null, da die Magnetisierung in der leichten Richtung liegt. Dagegen hat die Feldenergie einen hohen Wert, da die Stirnflächen mit freien Magnetpolen einheitlichen Vorzeichens beladen sind, die den gesamten Außenraum mit Feld erfüllen.

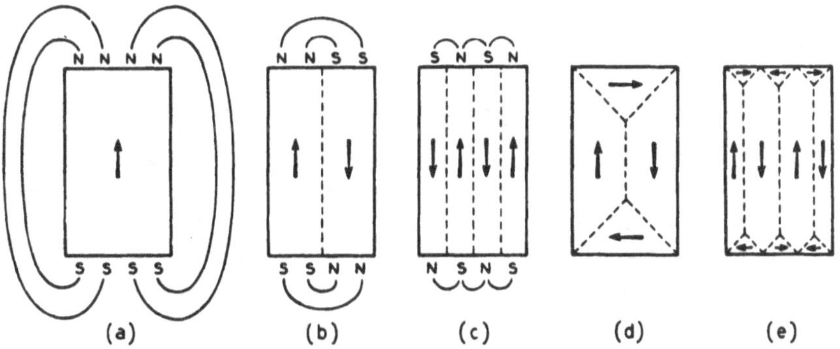

Abb. 1 Aufteilung eines ferromagnetischen Körpers in unterschiedlich magnetisierte Bereiche (nach KITTEL [39])

b) Kristall- und Spannungsenergie sind Null; die Feldenergie ist gegenüber Fall a stark vermindert, dafür tritt jedoch Wandenergie auf, da in der Wand die Spins nicht in der leichten Richtung liegen können.

c) Eine gegenüber b weitere Verminderung der Feldenergie, die durch Erhöhung der Wandenergie erkauft wird.

d) Durch Ausbildung der dreieckförmigen „Abschlußbereiche" (domains of closure) ist in dieser Konfiguration die Feldenergie ebenso wie die Kristallenergie Null, dafür tritt jedoch Spannungsenergie auf. Zum Beispiel möge sich das Material in Magnetisierungsrichtung verkürzen. Dann „paßt" der dreieckförmige Abschlußbereich nicht mehr zwischen die trapezförmigen Teile, so daß an den Grenzflächen mechanische Spannungen auftreten, die ihrerseits die leichte Richtung beeinflussen.

e) Weitergehende Verminderung der Spannungsenergie unter Aufwendung von Wandenergie.

Bereits dieses extrem vereinfachte Modell mit praktisch unerfüllbaren Voraussetzungen (idealer Einkristall, ideale Oberfläche, chemisch absolut reine Substanz, keine äußere mechanische Spannung, als zweidimensional behandeltes Problem) läßt sich nur näherungsweise berechnen. Im realen Fall kann das Modell nur Anhaltspunkte für die größenordnungsmäßige Abschätzung der relativen Bedeutung der Energieterme liefern.

Die prinzipielle Richtigkeit der zu Abb. 1 führenden Überlegungen konnte durch das Studium der Bereichsstrukturen in zahlreichen Fällen nachgewiesen werden [24–30]. Besonders geeignet sind die nahezu „eindimensionalen" Einkristalle (whisker) [69] und „zweidimensionalen" Plättchen (platelets) [70]. Entsprechend dem Verhältnis von Kristall- und Spannungsenergie wurden Strukturen der Art c und e beobachtet.

3.4. Einbereiche

Für die Entstehung von Einbereichen ist die unterschiedliche Bedeutung der Energieterme als Volumen- bzw. Oberflächenenergie entscheidend. Kristall-, Spannungs- und Feldenergie sind Volumenenergien, da sie proportional zum Volumen des magnetisierten Körpers sind. Dagegen stellt die Austauschenergie eine Oberflächenenergie dar, da sie proportional zur Fläche der Wand ist.

Je nach der Größe des Körpers sind die relativen Beiträge der Volumen- und Oberflächenenergie verschieden. *Die Arbeit zur Erzeugung der Wände muß durch die Verminderung der Feldenergie aufgebracht werden.*

Im Falle eines großen Würfels (zum Beispiel 1 cm^3) ist die Struktur gemäß Abb. 1c energetisch günstiger als 1a, weil die Feldenergie stark vermindert wird. Die Arbeit zur Erzeugung der Wände spielt demgegenüber nur eine geringe Rolle. Wird die Würfelkante auf 1 mm verringert, so wird die Feldenergie entsprechend dem Volumen auf 1/1000 vermindert, die Wandenergie nimmt jedoch entsprechend der Querschnittsfläche des Würfels nur auf 1/100 ab. Mit fortschreitender Verkleinerung des Würfels steht daher relativ immer weniger Feldenergie für die Erzeugung der Wände zur Verfügung.

Diese Verschiebung der relativen Beiträge der Volumen- und Oberflächenenergien führt dazu, daß *unterhalb eines bestimmten Volumens die Verminderung der Feldenergie durch Bereichsaufspaltung nicht mehr ausreicht, den Energieaufwand zur Erzeugung der Wände zu decken*. Unterhalb dieses kritischen Volumens können daher keine Wände existieren; die Probe wird auf Grund ihrer geometrischen Abmessungen zum *Einbereich* und verhält sich stets wie ein bis zur Sättigung magnetisierter Permanentmagnet. Die absolute Größe des kritischen Volumens hängt von den Materialeigenschaften ab. KITTEL [39] berechnete für Eisenkugeln einen Radius von 10^{-6} cm. Derartiges Einbereichverhalten wurde zuerst von ELMORE [71] an kolloidalen Eisenoxidteilchen beobachtet. Das Hauptanwendungsgebiet der Einbereichteilchen liegt heute in der Herstellung hartmagnetischer Werkstoffe [17,31,42].

3.5. Dünne Schichten*

3.5.1. Modifiziertes Einbereichverhalten

Ein anderes Verhalten der Magnetisierungsstruktur ergibt sich, wenn nur *eine* Dimension des Probekörpers vermindert wird, die beiden anderen jedoch makroskopisch bleiben. Dies gilt zum Beispiel für eine Schicht mit einer Fläche von 1 mal 1 cm und einer Dicke von 10^{-5} cm. Wird in diesem Fall (Abb. 2a) die Kantenlänge a der Schicht konstant gehalten, so nimmt die Volumenenergie proportional zur Schichtdicke ab. Die für eine Wand in der Schichtebene aufzuwendende Energie bleibt jedoch konstant. Unterhalb einer minimalen Schichtdicke reicht daher die dem Volumen proportionale Feldenergie nicht mehr aus, die der Fläche proportionale Wandenergie aufzubringen. Daher kann keine Wand in der Schichtebene entstehen (Abb. 2b).

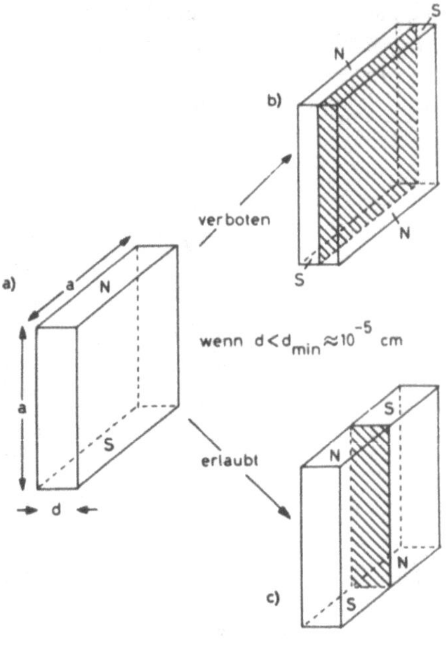

Abb. 2 Veranschaulichung des modifizierten Einbereichverhaltens dünner Schichten. In der Schichtebene können keine Wände existieren.

Diese Überlegung gilt nur für Wände parallel zur Schichtebene, also nur für *eine* Dimension. Das entspricht der Tatsache, daß nur *eine* Dimension des Probekörpers vermindert wurde. In den beiden anderen Dimensionen können Wände existieren, wenn sie durch ein äußeres Feld gebildet werden, da die Wandfläche senkrecht zur Schichtebene im selben Verhältnis wie die Schichtdicke abnimmt.

* Zusammenfassende Darstellungen über Herstellung, Eigenschaften und technische Anwendung der dünnen Schichten siehe [22,29,72–81].

Da die dünnen Schichten nur in einer Dimension klein sind, zeigen sie auch das Einbereichverhalten nur in einer Dimension. Daher wird zur Charakterisierung des Verhaltens dünner Schichten in dieser Arbeit die Bezeichnung *„modifiziertes Einbereichverhalten"* eingeführt. Das heißt: In der Schichtebene befindet sich nie eine Wand; Ober- und Unterseite der Schicht zeigen stets dieselbe Struktur. Senkrecht zur Schichtebene aber können sehr wohl Wände vorhanden sein, wenn sie durch ein äußeres Feld gebildet werden.

Die Nichtbeachtung des Unterschiedes zwischen dem modifizierten Einbereichverhalten dünner Schichten und dem echten Einbereichverhalten kleiner Teilchen (drei Dimensionen klein) hat zu Fehldeutungen geführt. So schlossen DRIGO und PIZZO [82] aus Messungen des BARKHAUSEN-Effektes irrtümlich, daß in dünnen Schichten überhaupt keine Bereiche und Wände existieren könnten.

Nach Abb. 2c können in dünnen Schichten jedoch Bereiche auftreten, sofern die Wände senkrecht zur Schichtfläche liegen. Als Beispiel sind in Abb. 3 Magnetisierungsstrukturen in einer dünnen Schicht dargestellt, die sich unter dem Einfluß verschiedener Felder bilden. Nach dem Abschalten der Felder sind die Bereiche zeitlich unbegrenzt stabil.

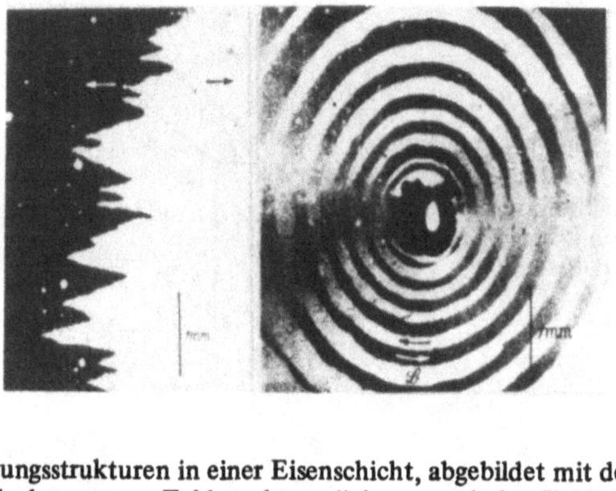

Abb. 3 Magnetisierungsstrukturen in einer Eisenschicht, abgebildet mit dem FARADAY-Effekt. Links homogenes Feld, rechts radialsymmetrisches Feld. (nach BOERSCH und LAMBECK [83])

3.5.2. Wandtypen

In Abschnitt 3.2.2. wurden die Wanddicke und -energie aus dem Gleichgewicht von Austausch- und Kristallenergie berechnet. Diese für massives Material geltende Rechnung muß für dünne Schichten ergänzt werden, da hier das Streufeld der Wand eine wesentliche Rolle spielt.

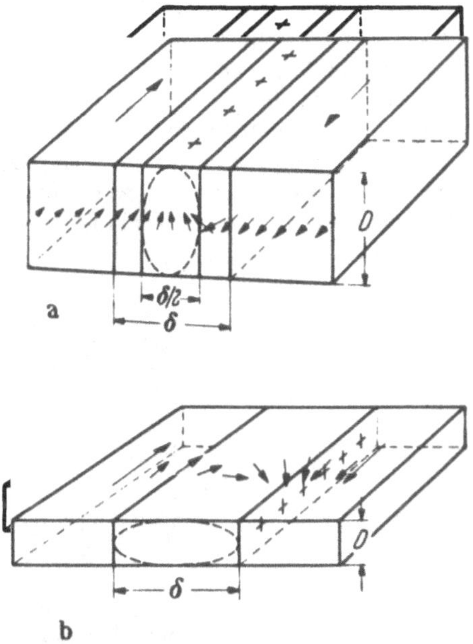

Abb. 4 Wandstruktur in dünnen Schichten.
a) BLOCH-Wand, b) NÉEL-Wand.
D: Schichtdicke; δ: Wanddicke
(nach KNELLER [17])

Sind zwei Bereiche durch eine BLOCH-Wand getrennt, so liegen die Magnetisierungsvektoren in der Wand senkrecht zur Schichtfläche (Abb. 4a). Auf der Wand entstehen freie Magnetpole und damit ein Streufeld. Mit abnehmender Schichtdicke wird der relative Anteil der Streufeldenergie an der gesamten Wandenergie immer höher. Daher ist unterhalb einer bestimmten Schichtdicke die NÉEL-Wand (Abb. 4b) günstiger, in der sich die Magnetisierung in der Schichtebene dreht. Die mit freien Magnetpolen belegte Fläche nimmt dann mit der Schichtdicke ab [84].

Außer diesen Extremfällen gibt es Übergangsformen der Wandstruktur, die aus einer periodischen Folge von BLOCH- und NÉEL-Wänden bestehen (Stachelwände). Ein Beispiel ist in Abb. 5 dargestellt.

Wegen der genaueren Berechnung verschiedener Wandstrukturen und Beobachtungsergebnisse sei auf die Originalarbeiten [44,75,86–99] verwiesen. *Die Existenz verschiedener Wandtypen ist für die Deutung des Kriechens (Abschnitt 11.1) wesentlich.*

3.5.3. Magnetisierungsriffelung

Das eingangs erwähnte Bild der einheitlich magnetisierten Bereiche mit einer nach Größe und Richtung konstanten Magnetisierung hat insbesondere im Fall der dünnen Schichten eine Korrektur erfahren.

Infolge des Herstellungsprozesses bestehen die Schichten aus einer großen Zahl von Kristalliten, deren magnetisch leichte Richtungen statistisch orientiert sind. Würde sich die Magnetisierung allein nach der Kristallenergie richten, so würde die spontane Magnetisierung von einem Kristall zum anderen entsprechend der Lage seiner leichten Richtung schwanken. Wegen der Austausch- und Streufeldenergie kann jedoch die Magnetisierung diesen kurzwelligen Schwankungen nicht folgen. Infolgedessen mittelt die Magnetisierung über viele Kristallite, wodurch eine wellenförmige Schwankung der Magnetisierungsrichtung entsteht (vgl. die in Abb. 5 zu erkennende Schwankung der Magnetisierung in großer Entfernung von der Wand).

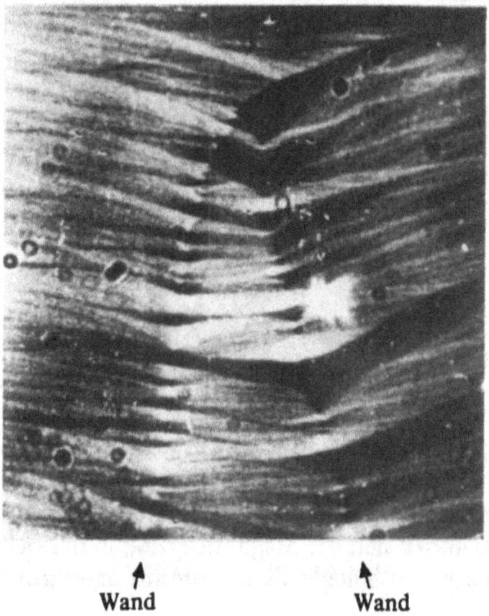

Abb. 5 Stachelwand in einer Eisenschicht, abgebildet mit dem FARADAY-Effekt. (nach BOERSCH und LAMBECK [85])

Diese Riffelung (ripple) hat für viele Eigenschaften dünner Schichten – insbesondere in der schweren Richtung – eine große Bedeutung. Wegen der in diesem Zusammenhang auftretenden Hystereseerscheinungen und „Drehsprünge", die durch die Umordnung der Riffelungsstruktur entstehen, sei auf die Originalliteratur verwiesen [76,89,100–104].

4. Ummagnetisierungsvorgänge ohne Nachwirkung

4.1. Ortsabhängigkeit der Wandenergie

In Abschnitt 3 wurden die energetischen Voraussetzungen für die Existenz von Bereichsstrukturen behandelt. In Abschnitt 4 sollen die *Veränderungen* der Bereichsstruktur unter dem Einfluß äußerer Felder, also die *Ummagnetisierung* dargestellt werden.

Die Berechnungen gehen von der in Abschnitt 3.2.2. behandelten Tatsache aus, daß magnetische Wände eine von Null verschiedene Dicke und Energie haben. Im folgenden werde stets vorausgesetzt, daß im Material bereits Wände vorhanden sind; die bei der Bildung von Wänden auftretenden Keimbildungsschwierigkeiten sollen hier nicht berücksichtigt werden*.

Es entsteht also die Aufgabe, die Bewegung der vorhandenen Wände unter dem Einfluß eines äußeren Feldes zu berechnen. Die Energie der Wand pro Flächeneinheit ist nach Gl. 7 $2\pi (AK)^{1/2} a^{-1/2}$. Dazu kommen noch Terme der Spannungs- und Feldenergie, die hier außer Betracht bleiben sollen.

Wären die Austauschenergie A und die Kristallenergie K an jedem Ort des Materials gleich, so wäre auch die Wandenergie konstant. Die Wand ließe sich dann ohne Energieaufwand hin- und herbewegen, so daß der Flächeninhalt der Hysterese Null wäre. Die Erfahrung zeigt jedoch, daß dieser Flächeninhalt immer von Null verschieden ist**. Zur Erklärung dieser Tatsache wird nach KERSTEN [106] folgende Voraussetzung angenommen: Das Material ist nicht homogen, sondern die die Wandenergie bestimmenden Größen schwanken infolge der verschiedenen Kristallrichtungen, wechselnder mechanischer Spannungen und der Anwesenheit nichtferromagnetischer Einschlüsse von Ort zu Ort. Dadurch ergibt sich eine *Ortsabhängigkeit der Wandenergie.*

In Abb. 6 ist die Ortsabhängigkeit der Wandenergie schematisch dargestellt. Ohne äußeres Feld liegt die Wand an einem Ort, an dem ihre Energie ein Minimum hat, also in einem Minimum der Kurve E(x). Unter dem Einfluß eines Feldes der angegebenen Richtung wächst der in Feldrichtung magnetisierte Bereich auf Kosten des in Gegenrichtung magnetisierten Bereiches, indem sich die

* In den meisten Fällen werden bereits durch das starke entmagnetisierende Feld an den Rändern der Probe Ummagnetisierungskeime und Wände gebildet [14,69]; die Vermeidung von Wänden zur Erzielung von „Übersättigungserscheinungen" gelingt nur in sehr speziellen Anordnungen [105, 128–133].

** Die Ummagnetisierung eines Ferromagnetikums ist stets mit Energiedissipation verbunden (siehe auch Abschnitt 4.7.). Über eine hierauf beruhende Anwendung zur Dämpfung der Präzessionsbewegung von Satelliten berichtet MAGER [107].

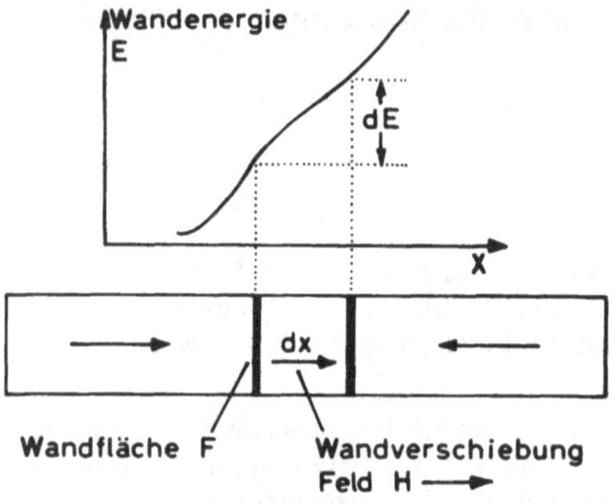

Abb. 6 Zur Berechnung der Gleichgewichtslage einer Wand aus der Ortsabhängigkeit ihrer Energie.

Wand nach rechts bewegt. Verschiebt sich die Wand um die Strecke dx, so wird die Energie

$$dE = 2\,M\,F\,H\,dx \tag{12}$$

gewonnen, da nach dieser Verschiebung ein größeres Volumen günstig zum Feld liegt*. (M: magnetisches Moment pro Volumeneinheit; F: Fläche der Wand; H: äußeres Feld; der Faktor 2 entsteht durch die Umkehrung der Magnetisierungsrichtung um 180°). Dieser Energiegewinn ist gleich dem Energieaufwand dafür, daß nach der Verschiebung die Wand eine um F dE höhere Energie besitzt. Also gilt

$$H = \frac{1}{2M}\frac{dE}{dx} \tag{13}$$

Das bedeutet: *Die Feldstärke, die die Wand im Gleichgewicht zu halten vermag, ist proportional zum Gradienten der Wandenergie an der betreffenden Stelle.*

Ist die Steigung dE/dx konstant, dann ist die pro Wegstrecke durch Ummagnetisierung der Bereiche gewonnene Energie gleich der Energie, die zur Erhöhung der Wandenergie aufgebracht werden muß. Nimmt die Steigung zu, so wird pro Wegelement mehr Zunahme der Wandenergie benötigt als durch ihre Verschiebung an Volumenenergie gewonnen wird. Die Wand bleibt stehen. Sie bewegt sich erst wieder in einem höheren Feld, da dann die pro Wegstrecke durch Ummagnetisierung gewonnene Energie größer geworden ist. (gemäß Gl. 12 ist die pro Wegelement gewonnene Energie proportional zum Feld). Solange die Steigerung der Wandenergie zunimmt, bewegt sich die Wand im *ansteigenden Feld stabil*. Gelangt die Wand an einen Wendepunkt, wird das Gleichgewicht labil. Wird der Wendepunkt überschritten, dann *springt* die Wand im *konstanten Feld* so weit, bis sie an einen Punkt gelangt, an dem die Steigung einen größeren Wert hat als zu Beginn des Sprunges. Während des Sprunges wird durch die Ummagnetisierung der Bereiche mehr Energie gewonnen als zur Erhöhung der Wandenergie aufgewendet. Daher läuft dieser Vorgang *spontan* ab. Diese sprunghafte Wandbe-

* Der Term 2MH wird auch als Druck des Feldes auf die Wand bezeichnet.

wegung wird heute als Erklärung des BARKHAUSEN-Effektes angesehen. Die während des Sprunges freiwerdende Energie wird durch einen (im Rahmen dieses Modells nicht näher definierten) Mechanismus wie Wirbelstrom- oder Spindämpfung in Wärme umgesetzt. Die BARKHAUSEN-Sprünge bewirken daher stets eine Energiedissipation.

4.2. Potentialmodell der Wandbewegung

Die Bewegung der Wand im „magnetischen Potentialgebirge" kann durch ein mechanisches Modell veranschaulicht werden. Je nachdem, ob die Wandenergie oder ihr Gradient als Funktion des Ortes dargestellt werden, ist der Bewegungsmechanismus eines solchen Modells verschieden zu wählen. Daher werden hier zwei verschiedene mechanische Modelle angegeben und im Einzelnen diskutiert.

a) *Wandenergie als Funktion des Ortes* (Abb. 7). Ein Wagen bewegt sich auf einer Bahn, deren Höhe proportional zur Wandenergie ist. Die Bewegung erfolgt unter dem Einfluß der vertikal wirkenden Schwerkraft und einer horizontal gerichteten Kraft, die proportional zum Magnetfeld ist. Die Richtung der Kraft ist gleich der Richtung des Feldes (bei positivem Feld nach rechts, bei negativem Feld nach links). Der Wagen bewegt sich immer auf der Oberseite der Bahn. Der Wagen besitzt keine träge Masse, da auch die Wandbewegung (im hier betrachteten Geschwindigkeitsbereich) nicht durch Trägheitskräfte bestimmt wird. Die Größe des Feldes wird durch die Bewegung der Wände nicht beeinflußt (sofern Entmagnetisierung ausgeschlossen wird), daher ist die horizontal wirkende Kraft im Modellversuch nicht durch eine Feder zu realisieren,

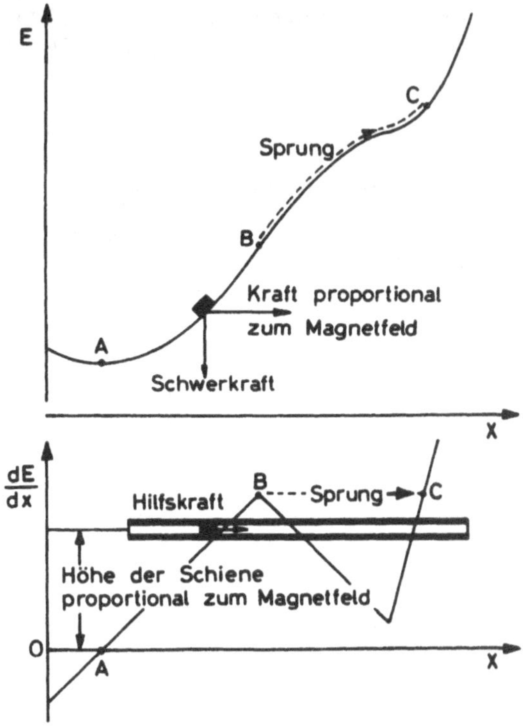

Abb. 7 Veranschaulichung der Wandbewegung durch mechanische Modelle. Oben: Wandenergie als Funktion des Ortes; Unten: Gradient der Wandenergie als Funktion des Ortes.

deren Spannung bei verminderter Dehnung abnimmt, sondern durch einen Faden, der über eine (weit entfernte)Rolle durch ein Gewicht gespannt wird. Mit steigender Kraft (zunehmender Feldstärke) verschiebt sich der Wagen stetig längs der Bahn, bis er an einen Wendepunkt (Punkt B) gelangt, dann springt er bei konstanter Kraft spontan bis zu einem Punkt der Bahn, an dem diese eine größere Steigung besitzt (Punkt C). *Die Sprünge erfolgen immer nach Überschreiten eines Wendepunktes.* Bei der Bewegung folgt der Wagen stets der Bahn. Täler werden nicht übersprungen, da auch ein niedriges Hindernis im Tal den Wagen aufhalten würde, wenn es steiler ansteigt als der bereits überwundenen Steigung entspricht.

b) Gradient der Wandenergie als Funktion des Ortes. Ein Wagen (der schwere und träge Masse haben kann), befindet sich in einer horizontalen Führungsschiene, deren Höhe über der Nullinie dem Feld entspricht. Horizontal wirkt eine konstante Hilfskraft, die nur auszureichen braucht, den Wagen zu bewegen. Einem steigenden Feld entspricht ein Anheben der Führungsschiene; die nach rechts gerichtete Hilfskraft drückt den Wagen von links gegen die Bahn. Bis zum Erreichen eines Maximums (Punkt B) folgt der Wagen stetig der Bahn. Wird das Feld weiter gesteigert (die Führungsschiene weiter angehoben), so springt der Wagen in der Führungsschiene, also horizontal über ein Tal hinweg bis zum nächsten gleich hohen Punkt der Bahn. (Punkt C). *Die Sprünge erfolgen immer nach Überschreiten eines Extremwertes.* Wird das Feld vermindert, also die Führungsschiene gesenkt, so ist die Richtung der horizontalen Hilfskraft umzukehren, so daß sie nach links wirkt und den Wagen von rechts gegen die Bahn drückt. Das Vorzeichen dieser Hilfskraft ist gleich dem Änderungssinn des Feldes. Dementsprechend befindet sich der Wagen über oder unter der Bahn.

Der Ablauf eines Magnetisierungszyklus werde am einfachsten Fall eines Energieverlaufs

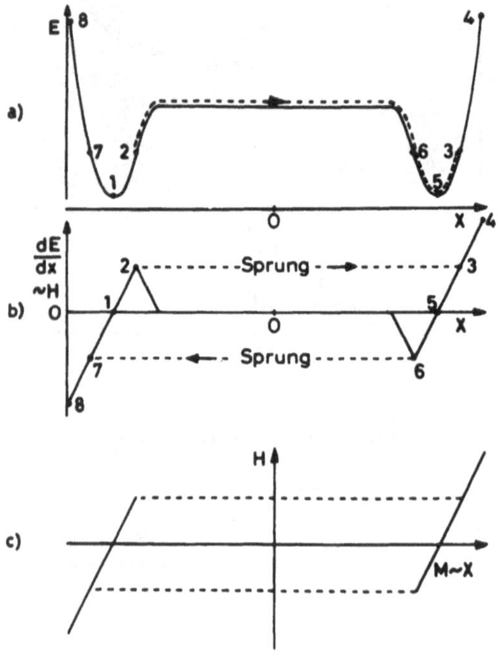

Abb. 8 Entstehung einer Hystereseschleife durch die Bewegung einer Wand in einem Energieverlauf mit zwei Minima. a) Wandenergie als Funktion des Ortes. b) Gradient der Wandenergie als Funktion des Ortes; die darin ablaufende Wandbewegung ergibt die Hystereseschleife (c), die gegenüber der üblichen Darstellung gedreht und gespiegelt ist.

mit nur zwei Minima erläutert (Abb. 8). Im feldfreien Fall befindet sich die Wand bei 1 im Minimum der E(x) Kurve. In einem positiv ansteigenden Feld verschiebt sie sich stetig bis 2, dem Wendepunkt der E(x) Kurve (Maximum der dE/dx Kurve). Die Wand verändert ihre Lage nur wenig, also ändert sich auch die Magnetisierung der Probe nur wenig. Wird das Feld erhöht, so springt die Wand spontan bis 3, wo E(x) dieselbe Steigung hat wie in 2. Danach kann sich die Wand auch bei starker Felderhöhung nur wenig bewegen, zum Beispiel bis 4. Wird in 4 das Feld bis auf Null reduziert, läuft die Wand stetig zurück bis 5. Steigt das Feld in negativer Richtung, verschiebt sich die Wandt stetig bis 6, um nach Überschreiten dieses Punktes sprunhaft bis 7 zu gelangen (in Abb. 8a nicht gekennzeichnet). Bei weiterer Steigerung des Feldes verschiebt sich die Wand nur wenig bis 8.

In Abb. 8c ist der Zusammenhang zwischen dem Feld und der Ortskoordinate der Wand, also zwischen dem Feld und der Magnetisierung der Probe dargestellt, der sich beim Durchlaufen des Magnetisierungszyklus ergibt. Die Bewegung des Wagens auf der dE/dx Bahn stellt somit die Hysteresekurve dar, die gegenüber der üblichen Auftragung gedreht und gespiegelt ist.

Die Diskussion der Wandbewegung im E(x) – oder dE/dx Gebirge führt zu physikalisch vollkommen gleichwertigen Ergebnissen. Die E(x) Darstellung hat den Vorteil einer einfacheren mechanischen Analogie. Andererseits hat die dE/dx Darstellung teilweise den Vorteil größerer Anschaulichkeit, weil die Höhe des Wagens proportional zur Feldstärke ist und seine Bewegung direkt die Hysteresekurve ergibt. Außerdem lassen sich visuell die Höhen von Bergen leichter vergleichen als ihre Steigungen.

Über den Kurvenverlauf E(x) ist im Einzelnen wenig bekannt. Daher wird in der Literatur meist eine analytisch einfach zu behandelnde Funktion (Parabel- oder Sinusverlauf) angenommen.

Der Ablauf der Wandbewegung nach Abb. 8 läßt vier wesentliche Eigenschaften der Ferromagnetika erkennen.

a) *Hysterese.* Die Magnetisierungskurve umschließt eine Fläche, da Hin- und Rücklauf der Wand bei verschiedenen Feldstärken erfolgen. Der Flächeninhalt der Hystereseschleife ist proportional zur Energiedissipation je Zyklus (Hystereseverlust).

b) Im Feld Null ist die Magnetisierung nicht Null, sondern behält den den Punkten 1 bzw. 5 entsprechenden Wert, der als *Remanenz* bezeichnet wird.

c) Die Feldstärke, bei der die Magnetisierung den Wert Null erreicht, heißt *Koerzitivfeldstärke.* Sie ist durch den Maximalwert von dE/dx gegeben, also um so *höher*, je *steiler* die E(x) Kurve verläuft. Daher läßt sich eine Verminderung der Koerzitivfeldstärke durch Verwendung besonders homogenen Materials (flacher E(x) Verlauf) erreichen. MAGER und HILLMANN [108] erzielten an extrem reinem, zonengeschmolzenem Eisen einen Tiefstwert der Koerzitivfeldstärke von 16 mOe.

d) Unter dem Einfluß eines kleinen Wechselfeldes kann sich die Wand in den Minima der E(x) Kurve reversibel und stetig hin- und herbewegen, solange die Wendepunkte nicht überschritten werden, also zwischen 7 und 2 bzw. 6 und 3. Das dabei erreichte Verhältnis von Wandverschiebung zum angelegten Feld, also Magnetisierungsänderung pro Feld, bestimmt die *Permeabilität* des Materials. Sie ist um so *höher*, je *flacher* die E(x) Kurve verläuft. Daraus folgt, daß die Permeabilität (genauer: Anfangspermeabilität) ungefähr umgekehrt proportional zur Koerzitivfeldstärke ist. Abb. 9 zeigt, daß dieser Zusammenhang in zahlreichen Materialien über mehrere Größenordnungen gut erfüllt ist.

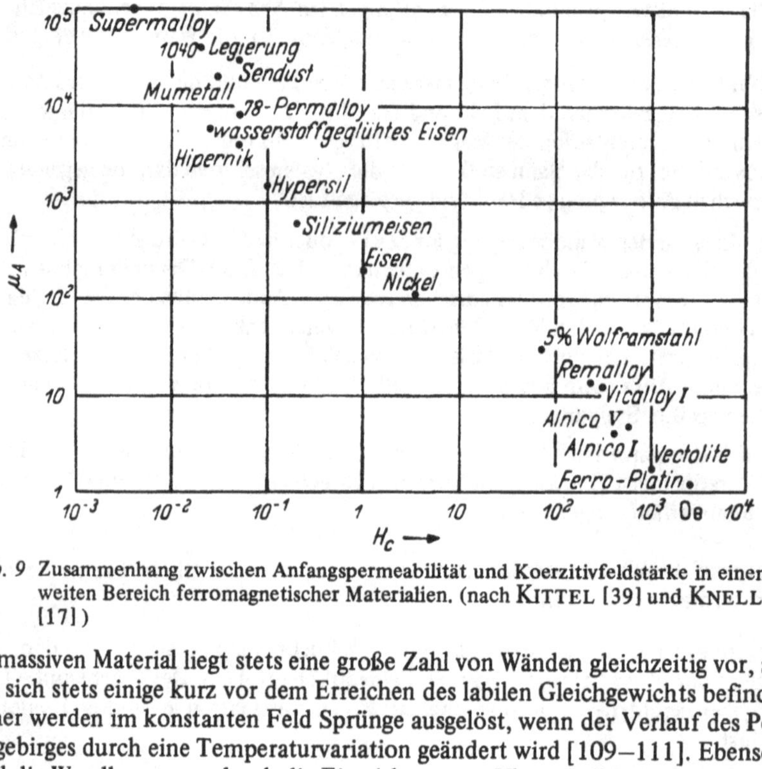

Abb. 9 Zusammenhang zwischen Anfangspermeabilität und Koerzitivfeldstärke in einem weiten Bereich ferromagnetischer Materialien. (nach KITTEL [39] und KNELLER [17])

Im massiven Material liegt stets eine große Zahl von Wänden gleichzeitig vor, so daß sich stets einige kurz vor dem Erreichen des labilen Gleichgewichts befinden. Daher werden im konstanten Feld Sprünge ausgelöst, wenn der Verlauf des Potentialgebirges durch eine Temperaturvariation geändert wird [109–111]. Ebenso wird die Wandbewegung durch die Einwirkung von Ultraschall [112,113] bzw. durch kleine Wechselfelder beeinflußt [114].

4.3. Barkhausen-Effekt im massiven Material*

Im Jahre 1919 entdeckte BARKHAUSEN [1,2] bei der Untersuchung des Verstärkerrauschens, daß die Ummagnetisierung des Eisens in Form vieler kleiner Sprünge abläuft. In den Eisenkernen der Spulen erfolgen diese Sprünge regellos und

* Eine umfassende Darstellung der bis 1965 bekannten Resultate wurde von STIERSTADT gegeben [3].

ohne feste Beziehung zum äußeren Feld und tragen daher als Störimpulse zum Verstärkerrauschen bei.

Über diese technisch bedeutsame Erscheinung hinaus wurden die BARKHAUSEN-Sprünge zu einem wichtigen Hilfsmittel für die Erforschung des Ummagnetisierungsvorgangs selbst, insbesondere zunächst zu einer Stütze für die Hypothese von der Existenz der (damals noch nicht direkt beobachtbaren) Weißschen Bereiche.

Zur Erklärung dieser Erscheinung sind verschiedene Ursachen angenommen worden. BARKHAUSEN selbst identifizierte die Sprünge mit dem „Umklappen der Molekularmagnetverbände"; jedem Sprung sollte also (in heutiger Ausdrucksweise) die Rotation der Magnetisierung eines Weißschen Bereiches entsprechen. Das Volumen eines Sprunges wäre demnach gleich dem Volumen eines Weißschen Bereiches. ZSCHIESCHE [115] deutete den Effekt als Folge von Kristallumwandlungen und bezeichnete ihn als „magnetisches Analogon zum Zinngeschrei" [116]. Ferner wurde die Erscheinung der Magnetostriktion zur Erklärung herangezogen, die durch Wechselwirkung zwischen Magnetisierung und Kristallgefüge eine sprunghafte Umordnung der Magnetisierungskonfiguration hervorrufen sollte [117,118]. Durch quantitative Untersuchungen an unterschiedlichen Materialien mit verschiedenen Kristallitgrößen wurden diese Deutungen jedoch nicht bestätigt [119–124].

Die heute allgemein akzeptierte Erklärung beruht auf der im vorigen Abschnitt diskutierten Wandbewegung im magnetischen Potentialgebirge. Danach ist der *BARKHAUSEN-Effekt eine sprunghafte Bewegung der Wände als Folge der unregelmäßigen Ortsabhängigkeit der Wandenergie.* Bei jedem Sprung wird also – abweichend von der ursprünglichen Annahme BARKHAUSENS – nicht ein ganzer Weißscher Bereich ummagnetisiert, sondern nur seine Begrenzung, die Wand, sprunghaft verschoben. Daher kann die Messung des Volumens der Sprünge nicht zur Abschätzung des Volumens der Bereiche herangezogen werden; vielmehr sind die Sprünge meist sehr viel kleiner als die Bereiche.

Im allgemeinen ist die Bereichsstruktur eines massiven ferromagnetischen Materials sehr kompliziert und außerdem sind die einzelnen Sprünge untereinander magnetisch gekoppelt. Daher kommt es in vielen Fällen zu einer lawinenartigen Auslösung von Sprunggruppen. Allein auf Grund dieser Schwierigkeiten ist es bis heute noch nicht möglich, die Größenverteilung der BARKHAUSEN-Sprünge in einem ferromagnetischen Werkstoff aus seinen übrigen Kenndaten exakt vorauszuberechnen.

Über die Geschwindigkeit, mit der ein Sprung abläuft, kann im Rahmen des Wandbewegungsmodells keine Aussage gemacht werden, da es keine speziellen Dämpfungsmechanismen berücksichtigt. In metallischen Ferromagnetika wird die Wandbewegung durch Wirbelströme gebremst, die in komplizierter Weise von der Geometrie der Wand und den Eigenschaften der Probe abhängen. In dünnen Drähten (Durchmesser 0,1 mm) ergeben sich Sprungzeiten der Größenordnung 10^{-6} s, dagegen werden in großen Rahmeneinkristallen Sprungdauern im Sekundenbereich beobachtet [125]. Daher ist es nicht zweckmäßig, den BARKHAUSEN-Effekt durch eine bestimmte Geschwindigkeitsgrenze zu definieren, da diese von sekundären Faktoren beeinflußt wird. Entscheidend ist vielmehr der *spontane Ablauf des Sprunges im konstanten Feld.*

4.4. Barkhausen-Effekt in dünnen Schichten

Während zum BARKHAUSEN-Effekt im massiven Material eine große Zahl von Messungen durchgeführt worden ist (Literaturangaben in [3]), sind über die BARKHAUSEN-Sprünge in dünnen Schichten nur wenige Angaben bekannt.

FORD und PUGH [126] stellten an dünnen Permalloyschichten fest, daß die Sprunghäufigkeit exponentiell mit der Sprunggröße abnimmt, d.h. große Sprünge sind wesentlich seltener als kleine (Abb. 10).

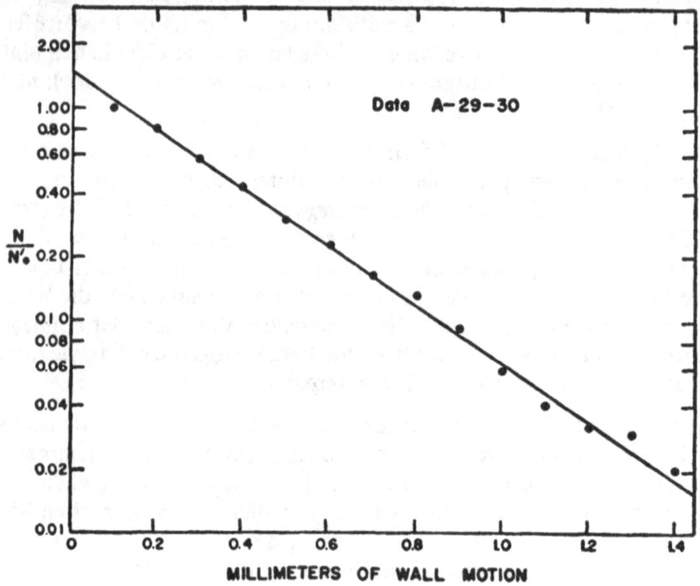

Abb. 10 Sprunggrößenverteilung in einer Permalloyschicht. Ordinate ist der Anteil der Sprünge, die eine größere Entfernung zurücklegen als auf der Abszisse angegeben ist. (nach FORD und PUGH [126])

Die Autoren beschreiben ihre Ergebnisse durch die empirisch gefundene Gleichung

$$N(x) = N_0 \exp(-\lambda x) \quad (14)$$

Darin bedeuten $N(x)$ die Zahl der Wände, die in einem Sprung eine Strecke grösser als x zurücklegen, N_O die Gesamtzahl der registrierten Wandsprünge und λ einen von der Schicht abhängigen Parameter.

Diese Gleichung läßt sich phänomenologisch durch die Annahme deuten, daß die „Haltewahrscheinlichkeit" (stopping probability) λ der Wände in der gesamten Schicht konstant, also unabhängig von der bereits zurückgelegten Strecke sei. Daher wird – gemittelt über zahlreiche Ummagnetisierungszyklen – von N Wänden, die einen bestimmten Punkt der Schicht passieren, auf der Wegstrecke dx eine Zahl von $dN = N \lambda dx$ Wänden stehen bleiben. Die Integration ergibt für die Zahl der Wände, die eine Strecke größer als x in einem Sprung zurücklegen, die obige Gleichung. Danach springt nur der e – te Teil aller Wände über eine Strecke von mehr als $1/\lambda$. Ein großer Wert von λ (große Steigung der Geraden in Abb. 10) bedeutet eine geringe mittlere Sprungweite, da viele Wände bereits nach einer kleinen Strecke stehen bleiben.

Eine Erklärung der Haltewahrscheinlichkeit aus mikroskopischen Daten der Schicht ist nicht bekannt; eine Temperaturvariation wurde nicht durchgeführt.

4.5. Große Barkhausen-Sprünge

Normalerweise erscheint die Hystereseschleife eines Ferromagnetikums insgesamt stetig; die BARKHAUSEN-Sprünge sind nur durch die Aufnahme des durch die Ummagnetisierung entstehenden Induktionssignals mit einer empfindlichen Verstärkeranordnung festzustellen.

In einigen Fällen läßt jedoch bereits die Magnetisierungskurve selbst deutlich Sprünge erkennen, die im folgenden als *große BARKHAUSEN-Sprünge* bezeichnet werden. Bei solchen Erscheinungen wird also ein relativ großer Teil der gesamten Probe (10 % oder mehr) in einem einzigen Sprung ummagnetisiert, während das bei dem normalen BARKHAUSEN-Effekt durch einen Sprung ummagnetisierte Volumen weniger als den tausendsten Teil des Gesamtvolumens ausmacht. Bisher sind vier Effekte bekanntgeworden, die zum Auftreten derartig großer BARKHAUSEN-Sprünge führen.

a) *Spannungsinduzierte Anisotropie.* PREISACH [127] stellte fest, daß in Permalloydraht durch mechanischen Zug infolge der Magnetostriktion eine ausgeprägte leichte Richtung erzeugt werden kann. Die Magnetisierung kann dann nur in Richtung der mechanischen Spannung oder in der Gegenrichtung liegen. Daher entartet die Hysterese zu einem Rechteck, weil nur zwei Lagen der Magnetisierung möglich sind. Im Grenzfall hoher mechanischer Spannung erfolgt die Ummagnetisierung der ganzen Probe in einem einzigen Sprung, durch den die Magnetisierung in die antiparallele Richtung übergeht. Im Grunde handelt es sich bei diesem Versuch um die Erzeugung eines Einbereichverhaltens durch mechanische Spannung, da die mechanische Spannungsenergie alle anderen Energieterme überwiegt (vgl. 3.2.3.).

b) *Keimbildungsschwierigkeiten.* SIXTUS und TONKS [128–130] verwendeten einen Permalloydraht, in dem auf die beschriebene Weise eine leichte Richtung erzeugt worden war. Der Draht wurde in einer Richtung gesättigt und dann einem Gegenfeld ausgesetzt, das jedoch noch nicht ausreichte, die zur Ummagnetisierung erforderliche Wand zu bilden. Erst durch Anlegen einer erhöhten „Startfeldstärke“ in einem kleinen Teil der Probe wurde die „Übersättigung“ aufgehoben, so daß sich der Keim mit einer nur durch die Wirbelstrombremsung bestimmten Geschwindigkeit über den ganzen Draht ausbreitete. Die Versuche wurden von HUZIMURA [131] und HATFIELD [132] weiterentwickelt. DE BLOIS [133] konnte durch Verwendung besonders homogener Whisker sehr hohe Werte der Übersättigung und Wandgeschwindigkeit erreichen.

Ähnliche Erscheinungen treten auch bei der Ummagnetisierung dünner Schichten auf, wenn während des Aufdampfens der Schichtrand durch eine Maske abgeschattet wird und daher dünner wird als die innere Schichtfläche *(Böschungseffekt).* Die geringere Schichtdicke am Rande bewirkt eine höhere Koerzitivfeldstärke, die die normalerweise am Rande einsetzende Keimbildung erschwert. Ist das äußere Feld hoch genug, um auch im Innern der Schichtfläche Keime zu erzeugen, so stehen die Wände unter einem sehr hohen Überschußfeld und magnetisieren daher die Schicht in einem Sprung um [134].

Zwei weitere Erscheinungen großer Barkhausen-Sprünge werden im Zusammenhang mit der Richterschen Nachwirkung in Abschnitt 5.4. behandelt.

4.6. Wandmasse

Die optischen Eigenschaften der Ferromagnetika unterscheiden sich nicht von denen der vergleichbaren nichtferromagnetischen Stoffe, so daß in diesem Frequenzbereich stets $\mu_r = 1$ gesetzt werden kann. Dagegen sind im Radiofrequenzbereich die ferromagnetischen Eigenschaften noch stark ausgeprägt. Es muß also im Bereich zwischen diesen Frequenzen eine Grenzfrequenz geben, oberhalb der die ferromagnetischen Eigenschaften „ausfallen“, weil die magnetischen Wände dem Wechselfeld nicht mehr zu folgen vermögen.

Diese Tatsache läßt sich auf den Einfluß der Wandträgheit zurückführen. DÖRING [135] berechnete den Energieinhalt einer bewegten BLOCH-Wand unter Berücksichtigung der gyromagnetischen Natur des Elektronenspins und stellte fest, daß sich der Energieunterschied zwischen einer bewegten und einer ruhenden Wand (für kleine Geschwindigkeiten) in Form einer kinetischen Energie darstellen läßt. Daher kann der bewegten Wand eine träge Masse zugeordnet werden, die sich (in der Schreibweise von ENZ [137]) zu

$$m_o = (2\,\gamma^2\delta)^{-1} = E_w\,(8\,\pi\,\gamma^2 A)^{-1} \qquad (15)$$

ergibt. γ: gyromagnetisches Verhältnis des Elektrons; δ: Wanddicke; E_w: Wandenergieflächendichte der ruhenden Wand; A : Konstante der ferromagnetischen Austauschkopplung. Daraus ergibt sich für Eisen ein Wert von 6.10^{-11} g cm^{-2}.

Unter Berücksichtigung dieser Wandmasse kann die Bewegungsgleichung einer Wand im Wechselfeld angegeben werden:

$$m\ddot{x} + \beta\dot{x} + \alpha x = 2\,M\,H \tag{16}$$

m: träge Masse der Wand pro cm^2; β: Parameter der Reibungskraft; α: Parameter der rücktreibenden Kraft; M: Sättigungsmagnetisierung; H: äußeres Feld. Der Term 2 M H bedeutet den Druck des Feldes auf die Wand (vgl. Gl. 12).

Daher stellt die Wand ein schwingungsfähiges System dar, dessen Resonanzerscheinungen den Frequenzgang der Permeabilität bestimmen. HAMPE [136] konnte in speziellen Permalloyproben den Einfluß der Wandresonanz bis 40 MHz nachweisen und von der über 400 MHz einsetzenden natürlichen ferromagnetischen Resonanz abtrennen (natürliche ferromagnetische Resonanz entsteht durch Präzession des Magnetisierungsvektors ohne Bereichsaufspaltung unter dem Einfluß des äußeren Feldes).

Die Erscheinung der Wandresonanz erklärt, weshalb auch Ferrite, deren Wandmasse in derselben Größenordnung liegt, trotz ihrer geringeren Leitfähigkeit in demselben Frequenzbereich ausfallen wie metallische Ferromagnetika.

Auf anderem Wege als DÖRING und ohne Beschränkung auf kleine Geschwindigkeiten berechnete ENZ [137] die kinetischen Eigenschaften der Wand und gelangte bezüglich der Wandmasse ebenfalls zu Gl. 15. Darüberhinaus lieferte seine Theorie die grundlegend neue Erkenntnis, daß die Wandgeschwindigkeit auch in sehr hohen Feldern nicht beliebig weit gesteigert werden kann. Vielmehr tritt eine „relativistische" Massenzunahme der Wand gemäß der Beziehung

$$m(v) = m_o / (1 - (v/c_w)^2)^{1/2} \tag{17}$$

ein, die eine Überschreitung der „relativistischen Grenzgeschwindigkeit"

$$c_w = 2\,\gamma\,(2\,\pi\,A)^{1/2} \tag{18}$$

unmöglich macht.

Es ist bemerkenswert, daß diese Grenzgeschwindigkeit (nicht zu verwechseln mit der Lichtgeschwindigkeit) nur von der Austauschkopplung des betreffenden Materials, nicht jedoch von anderen Materialeigenschaften oder Dämpfungsparametern abhängt. Bei Annäherung der Wandgeschwindigkeit an die Grenzgeschwindigkeit tritt eine „Lorentzkontraktion" der Wanddicke ein, d. h. die Wand wird mit zunehmender Geschwindigkeit dünner. Die bewegte Wand hat eine um den Faktor $(1 - (v/c_w)^2)^{1/2}$ geringere Dicke als die ruhende. Der Ausdruck für die Grenzgeschwindigkeit (Gl. 18) besagt anschaulich, daß sich die Wand mit um so höherer Geschwindigkeit bewegen kann, je fester die Spins benachbarter Atome durch Austauschwechselwirkung gekoppelt sind*.

Die träge Masse der ruhenden Wand, die Energie der ruhenden Wand und die Grenzgeschwindigkeit sind gemäß den Gl. 15 u. 18 durch die Beziehung

$$E_w = m_o\, c_w^2 \tag{19}$$

verbunden.

Aus Gl. 18 folgt für Eisen ein Wert der Grenzgeschwindigkeit von 6.10^4 cm s^{-1}. (Zusammenstellung von Werten der Austauschkonstanten verschiedener Materialien siehe [17]). Da die Austauschkonstanten nicht sehr genau bekannt sind, ist auch der angegebene Wert der Grenzgeschwindigkeit nur als Richtwert zu betrachten.

Bisher ist die Grenzgeschwindigkeit experimentell noch nicht nachgewiesen worden, da Versuche im Megahertz Bereich wie die Experimente von HAMPE [138] an Permalloy mit so geringer Aussteuerung durchgeführt werden, daß die maximale Wandgeschwindigkeit mit 330 cm s^{-1} weit unter der Grenzgeschwindigkeit (für Permalloy) von $4{,}4 \cdot 10^4$ cm s^{-1} bleiben.

In den eigenen Versuchen zum BARKHAUSEN-Effekt in dünnen Schichten (Abschnitt 8.4.) traten wesentlich höhere Wandgeschwindigkeiten bis etwa 10^4 cm s^{-1} auf, die jedoch die Grenzgeschwindigkeit noch nicht übersteigen. Die Experimente sind also mit der Theorie von ENZ zumindest insoweit in Einklang, als bisher noch nie eine Überschreitung der Grenzgeschwindigkeit nachgewiesen worden ist. Wegen der interessanten Beziehungen zwischen Wandstruktur, Elementarteilchentheorie, relativistischer Invarianz und Topologie sei auf eine weitere Arbeit von ENZ [139] verwiesen.

Die Rechnungen von ENZ wurden von FELDTKELLER [140] durch Berücksichtigung der Bewegungsdämpfung und der Inhomogenität des Materials erweitert.

4.7. Potentialmodell und Rayleigh-Schleife

RAYLEIGH [141] stellte fest, daß für kleine Aussteuerung der Hystereseschleife (etwa 1/3 der Koerzitivfeldstärke) ein quadratischer Zusammenhang zwischen Magnetisierung und Feldstärke besteht.

* Mechanische Analogie: Auch die Schallgeschwindigkeit in einem festen Körper wächst proportional zur Wurzel aus der mechanischen Kopplungskonstante, dem Elastizitätsmodul.

Es sei zunächst im Feld H die Magnetisierung M erreicht. Wird dann die Feldstärke um den kleinen Wert H_1 geändert, so ist die durch eine Felderhöhung hervorgerufene Magnetisierung

$$M + M_1 = \chi_a (H + H_1) + \frac{1}{2} \eta (H + H_1)^2 \tag{20}$$

während für eine Feldverminderung

$$M - M_1 = \chi_a (H - H_1) - \frac{1}{2} \eta (H - H_1)^2 \tag{21}$$

gilt.

χ_a: Anfangspermeabilität; η: RAYLEIGH-Konstante (beide Größen materialabhängig). Bei einer periodischen Aussteuerung mit der Wechselfeldamplitude H_1 wird somit eine aus zwei Parabelästen bestehende Lanzette durchlaufen, deren Flächeninhalt proportional zum Hystereseverlust je Zyklus ist und in Übertragern den Klirrfaktor bestimmt. Die Konstante χ_a ist für reversible, die Konstante η für irreversible Prozesse im Material charakteristisch.

NÉEL [142–144] gab eine Deutung des RAYLEIGH-Verhaltens durch die Berechnung der Wandsprünge im Potentialgebirge. Dabei wurde angenommen, daß die Höhe der Berge einer GAUSS-Verteilung folgt. Die Rechnung ergab,

a) daß die Magnetisierung als Potenzreihe von $(H - H_1)$ dargestellt wird, woraus sich das RAYLEIGH-Verhalten durch Abbruch der Reihe nach dem 2. Glied ergibt.

b) einen Zusammenhang zwischen den Konstanten in der Form

$$\eta = \text{const}\, \chi_a^2 \tag{22}$$

Gemäß der Néelschen Konzeption *entsteht* also die *RAYLEIGH-Schleife* und die damit verbundene *Ummagnetisierungsarbeit* durch die Überlagerung zahlreicher *BARKHAUSEN-Sprünge*. Der von NÉEL geforderte Zusammenhang zwischen χ_a und η konnte an einigen Materialien bestätigt werden, während an anderen starke Abweichungen gefunden wurden (zusammenfassende Darstellung und Literaturangaben siehe [145–149]).

In jüngster Zeit wurde die Grundannahme der Néelschen Theorie von KOLLER [145–147] in Frage gestellt. KOLLER fand an Nickel, daß bei kleiner Feldaussteuerung zwar Hysterese und somit Ummagnetisierungsarbeit auftrat, jedoch keine BARKHAUSEN-Sprünge beobachtet werden konnten. Die Ummagnetisierung erfolgt also auch bei kleiner Aussteuerung zwar ohne Sprünge, aber nicht ohne Energiedissipation, wie die Existenz der RAYLEIGH-Schleife zeigt, die auch im Grenzfall geringster Aussteuerung noch eine von Null verschiedene Fläche umschließt. Vielmehr traten BARKHAUSEN-Sprünge erst oberhalb einer bestimmten Feldamplitude schlagartig in voller Größe auf, während unterhalb dieser Grenzfeldstärke keinerlei Sprünge gemessen werden konnten. Die RAYLEIGH-

Schleife würde demnach – wenn überhaupt – nur durch Sprünge äußerst geringer Größe verursacht.

KOLLER verzichtet daher zur Deutung der Ummagnetisierungsverluste ganz auf die Annahme der (nicht meßbaren) Sprünge und nimmt stattdessen eine *Reibungskraft* an, die die Bewegung der Wände behindert. Diese Reibung wird analog zur Reibung zwischen Festkörpern angenommen, soll also nur während der Bewegung (der Ummagnetisierung) wirken und von der Geschwindigkeit unabhängig sein. Die Reibung wirkt daher als „Gegenfeld", das dem äußeren Feld entgegengerichtet ist. Magnetisierungserhöhung und -verminderung erfolgen somit nicht bei demselben Feld, so daß die Magnetisierungskurve eine von Null verschiedene Fläche umschließt.

KOLLER nimmt als Ursache der Reibung die Wechselwirkung der Wände mit (nicht näher definierten) Gitterstörungen an. Infolge einer Wandverschiebung wird daher auch die Gitterstörung elastisch mit ausgelenkt, die ihrerseits Platzwechselvorgänge der Kristallbausteine bewirkt, zu einer Anregung des Gitters führt und schließlich die Wärmebewegung erhöht. Die Hystereseverluste werden also nicht aus der sprunghaften Bewegung der Wand, sondern aus der diskontinuierlichen Bewegung in atomaren Dimensionen erklärt. Nicht die ganze Wand springt, sondern während der „gleichmäßigen" Bewegung der Wand laufen zahlreiche schnelle kleine Platzwechselvorgänge im Gitter ab.

Unabhängig von speziellen Annahmen über die Gitterstörung ist das Wesentliche an der Theorie von KOLLER, daß die *Wandbewegung auch bei kleinen Verschiebungen nicht mehr durch konservative Kräfte beschrieben wird.*

Gleichzeitig mit KOLLER gelangte BALDWIN [150] zu sehr ähnlichen Ergebnissen. Auf die Tatsache, daß die Wandbewegung nicht ausschließlich durch konservative Kräfte beschrieben werden kann, wurde in anderem Zusammenhang bereits von RODBELL und BEAN [151] hingewiesen.

4.8. Hystereseverhalten des massiven Materials und dünner Schichten

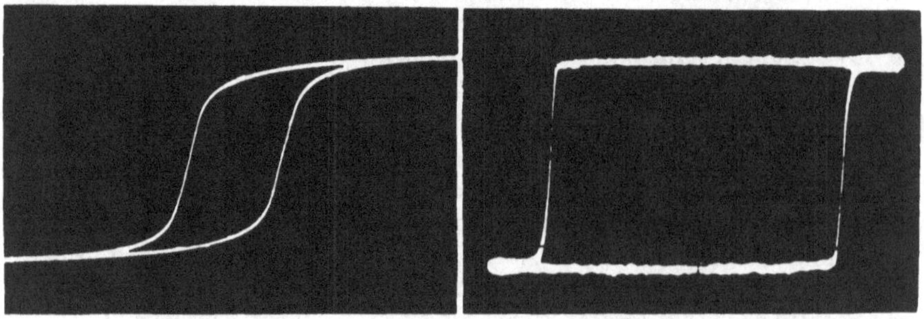

Abb. 11 Vergleich des typischen Hystereseverhaltens von massivem Material und dünnen Schichten. Links: massives Material (Draht von 0,2 mm Durchmesser); Rechts: dünne Schicht (Dicke 1000 Å)

In Abb. 11 sind experimentell ermittelte, typische Hystereseschleifen des massiven Materials und einer dünnen Schicht gegenübergestellt. Als massives Material wurde ein Eisendraht von 0,2 mm Durchmesser verwendet; die dünne Schicht hat eine Dicke von 1000 Å und eine Fläche von 1 cm^2. Sie wurde durch Verdampfen des gleichen Eisendrahtes und Kondensation auf einer geheizten Glasunterlage hergestellt. Charakteristische Unterschiede, die nicht von der Art des Materials*, sondern nur von den Dimensionen der Probe abhängen, sind:

a) Bei massivem Material nimmt die Magnetisierung ab, wenn das Feld von hohen Werten kommend auf Null reduziert wird. Die Remanenz ist also kleiner als die Sättigung, da sich bei Verminderung des Feldes die Probe spontan in Bereiche unterschiedlicher Magnetisierungsrichtung aufteilt. Dagegen bleibt in dünnen Schichten die Magnetisierung auch nach dem Abschalten des Feldes unverändert. Die Remanenz ist gleich der Sättigung. Hierdurch ist das (modifizierte) Einbereichverhalten der Schicht charakterisiert (vgl. Abschnitt 3.5.1.).

b) Das Feldstärkeintervall, in dem die Ummagnetisierung erfolgt, ist im Falle des massiven Materials von der Größenordnung der Koerzitivfeldstärke. Dagegen erfolgt die Ummagnetisierung der dünnen Schicht in einem Feldstärkeintervall, das nur wenige Prozent der Koerzitivfeldstärke beträgt. Die dünne Schicht verhält sich also wesentlich homogener als das massive Material.

Diese Eigenschaft ist auf den sehr einfachen Ummagnetisierungsvorgang in dünnen Schichten zurückzuführen, der durch das Vorrücken einiger weniger Wände zustande kommt. Im Verlauf der Ummagnetisierung bleibt stets eine ähnliche Bereichsstruktur erhalten; die Wände stoßen im ganzen Gebiet der Schicht auf ähnliche Hindernisse; die gegenseitige Beeinflussung der Wände ist wegen des großen Abstandes gering. Dagegen liegt im massiven Material eine wesentlich kompliziertere dreidimensionale Magnetisierungsstruktur mit einer großen Zahl von Wänden vor, die sich wegen des geringen Abstandes gegenseitig stark beeinflussen.

5. Ummagnetisierungsvorgänge mit Nachwirkung

Nachwirkungserscheinungen sind an mechanischen, elektrischen und magnetischen Vorgängen beobachtet worden.

Im Falle der mechanischen Nachwirkung folgt die Dehnung eines Materials der Kraft nicht sofort, sondern der Endwert der Dehnung wird erst nach mehr oder

* Dies gilt für Schichten aus Eisen, Permalloy und ähnlichen Materialien, in denen die Feldenergie die Anisotropieenergie überwiegt. Dagegen können in Schichten aus Substanzen wie YIG und $CrBr_3$, in denen der Einfluß der Kristallanisotropie vorherrscht, spontan Bereiche mit Wänden senkrecht zur Schichtfläche entstehen, sodaß die Remanenz kleiner als die Sättigung ist.

weniger langer Zeit erreicht. Unter dem Einfluß einer periodisch wechselnden Kraft hat daher die Dehnung eine Phasenverschiebung gegenüber der Kraft; der Zusammenhang zwischen Kraft und Dehnung ist dann nicht mehr in Form des Hookeschen Gesetzes durch eine Gerade gegeben, sondern durch eine Lanzette, deren Flächeninhalt proportional zur Energiedissipation infolge der Wechselbelastung ist. Der Vorgang wird meßtechnisch zumeist durch die Dämpfung von Torsionsschwingungen erfaßt.

Analog entlädt sich ein Kondensator nach Kurzschließen der Platten nicht sofort vollständig, vielmehr läßt sich einige Zeit nach Aufhebung des Kurzschlusses erneut eine Ladung auf den Platten feststellen. Ebenso ergibt sich bei Wechselspannung eine Phasenverschiebung zwischen Spannung und Ladung, die zu dielektrischen Verlusten führt.

Auch Ferromagnetika zeigen nach sprunghafter Änderung des Feldes eine verzögerte Einstellung der Magnetisierung sowie im Wechselfeld eine Phasenverschiebung zwischen Magnetisierung und Feld und Ummagnetisierungsverluste (zusammenfassende Darstellungen siehe KRONMÜLLER [4], NÉEL [152–155], RATHENAU [156], WILDE [157] sowie KINDLER und THOMA [158]).

In der Behandlung aller dieser Erscheinungen sind zwei Schritte zu unterscheiden:

1. Die Folgen der Nachwirkung
   a) zeitlich verzögerte Einstellung der Wirkung nach sprunghafter Änderung der Ursache
   b) Phasenverschiebung zwischen Ursache und Wirkung bei periodischer Änderung der Ursache
   c) Energiedissipation

können im allgemeinen aus meßtechnischen Gründen nicht gleichzeitig erfaßt werden. Vielmehr läßt sich in einem bestimmten Frequenzbereich meist nur eine der genannten Erscheinungen untersuchen. Aufgabe der *formalen Nachwirkungstheorie* ist, aus der Messung einer Nachwirkungserscheinung auf die zu Grunde liegenden „Zeitkonstanten" zu schließen und aus ihrer Kenntnis die anderen, meßtechnisch schwer zugänglichen Phänomene zu berechnen.

2. Die *physikalische Nachwirkungstheorie* versucht, die beobachteten Effekte und Zeitkonstanten aus dem inneren Aufbau und den Eigenschaften des Materials zu erklären.

5.1. Formale Nachwirkungstheorie

Die formale Theorie ist für mechanische, elektrische und magnetische Vorgänge gleich. Es ist daher zweckmäßig, sie am Beispiel der elektrischen Nachwirkung zu erklären, da sie sich hier am einfachsten an bekannte Erscheinungen anschließen läßt.

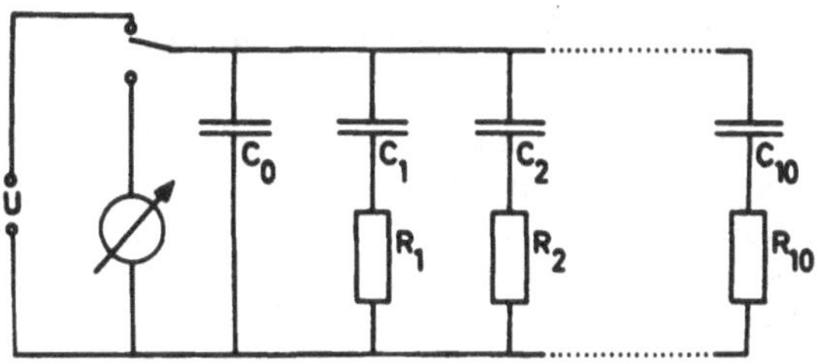

Abb. 12 RC-Kette zur Veranschaulichung der Nachwirkungsvorgänge

In der in Abb. 12 angegebenen Schaltung können die Kondensatoren wahlweise mit der Eingangsspannung U oder dem Ladungsmeßinstrument verbunden werden. Das Dielektrikum in den Kondensatoren sei ideal verlustfrei. Es lassen sich qualitativ anschaulich drei Fälle unterscheiden.

a) Es sei nur der Kondensator C_o vorhanden. Dann ist die Ladung in jedem Zeitpunkt proportional zur anliegenden Spannung. Wird Wechselstrom eingespeist, so tritt kein Verlust ein, d.h. der Verlust ist für alle Frequenzen Null. Dieser Fall charakterisiert somit das Verhalten von Stoffen ohne Nachwirkung.

b) Zusätzlich zum Kondensator C_o werde der Kondensator C_1 und der Widerstand R_1 eingeschaltet. Dann ist im Zeitpunkt des Einschaltens einer Gleichspannung die Ladung UC_o. Im Lauf der Zeit wächst die Ladung nach dem durch die Zeitkonstante $\tau_1 = R_1C_1$ bestimmten exponentiellen Zeitverlauf auf den Wert $U(C_o + C_1)$. Ebenso fließt nach dem Abschalten der Eingangsspannung die Ladung UC_1 verzögert ab. Wird an die Schaltung eine Wechselspannung der Frequenz f gelegt, so wird im Fall $f \ll 1/\tau_1$ der Kondensator C_1 immer fast vollständig aufgeladen. Die Zeitverzögerung der Aufladung spielt nur eine geringe Rolle, der Verlustwinkel ist also klein. Ist dagegen $f \gg 1/\tau_1$, so wird C_1 praktisch gar nicht aufgeladen, so daß der Verlustwinkel ebenfalls klein ist. Nur bei einer mittleren Frequenz $f = 1/\tau_1$ wird C_1 teilweise und mit einer wesentlichen Phasenverzögerung aufgeladen, die zu einem Maximum des Verlustwinkels bei dieser Frequenz Anlaß gibt. *Ein System mit einer Zeitkonstante zeigt bei einem Schaltversuch einen exponentiellen Zeitverlauf und ein Maximum des Verlustwinkels bei einer bestimmten Frequenz.*

c) Es werden sehr viele Kondensatoren und Widerstände R_1 bis R_n und C_1 bis C_n eingeschaltet, so daß sowohl sehr große als auch sehr kleine Zeitkonstanten vorhanden sind. Als einfachste Verteilungsfunktion der Zeitkonstanten werde angenommen, daß jeweils pro Dekade der Zeitkonstanten die gleiche Teilkapazität vorhanden ist. Beispielsweise mögen alle Kondensatoren C_1 bis C_n die gleiche Teilkapazität 1 mF, die Widerstände einen Wert von $10^n \Omega$ haben. Dann hat das Glied R_1C_1 eine Zeitkonstante von 10^{-2} s, R_5C_5 eine Zeitkonstante von 100 s usw. Sind 10 derartige RC Glieder vorhanden, dann entfällt auf jede Zeitkonstante im Bereich von $\tau_{min} = 10^{-2}$ s bis $\tau_{max} = 10^7$ s die gleiche Teilkapazität von 1 mF.*

Die zugehörige Verteilungsfunktion ist in Abb. 13 dargestellt; sie wird als „Rechteckverteilung der Zeitkonstanten" bezeichnet. Man beachte, daß diese Verteilung für die *Logarithmen* der Zeitkonstanten gilt; die physikalische Berechtigung für einen solchen Ansatz wird später durch die Behandlung der magnetischen Nachwirkung in Abschnitt 5.5.4.2. und 9.2. klar werden.

Die Größen τ_{min} und τ_{max} kennzeichnen die kleinsten bzw. größten Zeitkonstanten des Systems; sie sind Eigenschaften des untersuchten Materials. Die in Abb. 13 eingetragenen Zeiten t_A und t_E bezeichnen Anfang bzw. Ende der Meßzeit im Schaltversuch (und die Reziprokwerte der größten bzw. kleinsten Meßfrequenz im Wechselstromversuch); sie sind durch das Experiment vorgegeben.

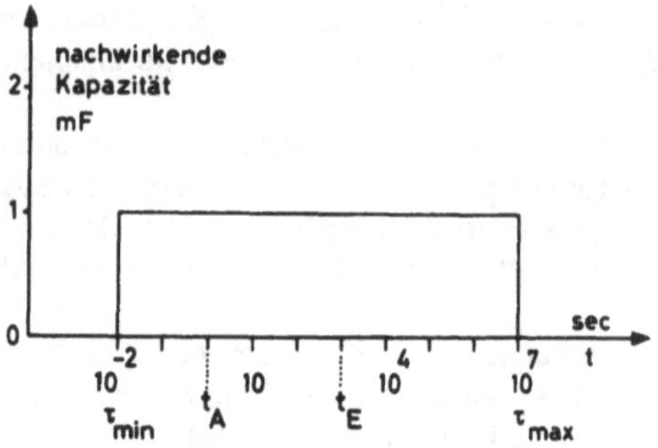

Abb. 13 Zeitkonstantenverteilung für die nachwirkende Kapazität in Abb. 12

Nach Abb. 13 gibt es im Bereich von $1/\tau_{min}$ bis $1/\tau_{max}$ für jede Meßfrequenz eine gleich große Teilkapazität, deren Zeitkonstante gleich der reziproken Meßfrequenz ist. Der dielektrische Verlustwinkel ist also in dem durch $1/\tau_{max}$ und $1/\tau_{min}$ definierten Frequenzbereich konstant.

Das Verhalten gegenüber einem Schaltversuch ergibt sich, indem über alle exponentiellen Zeitfunktionen der einzelnen RC Glieder in Abb. 12 integriert wird. Die Rechnung führt auf das Exponentialintegral und ergibt (vgl. z.B. [18]), daß für Zeiten zwischen τ_{min} und τ_{max} die Ladung proportional zum Logarithmus der Zeit zu- bzw. abnimmt.

Dieses Ergebnis läßt sich anschaulich auch ohne Rechnung verstehen: Werden alle Kondensatoren aufgeladen, die Spannungsquelle abgeschaltet und im Zeitpunkt τ_{min} danach mit der Ladungsmessung begonnen, so fließt in der ersten Sekunde eine bestimmte Ladungsmenge ab. Eine weitere gleichgroße Ladungsmenge fließt in 10 s ab, eine weitere gleichgroße Ladung in 100 s und so fort bis zur Zeit τ_{max}. Die abfließende Ladungsmenge ist also proportional zum Logarithmus der Zeit. Es ist für einen solchen Nachwirkungsvorgang charakteristisch,

* Hier sind der Übersichtlichkeit halber einzelne RC Glieder mit dekadisch gestuften Widerständen angenommen; für eine genauere mathematische Behandlung sind die Widerstände feiner abzustufen bzw. kontinuierlich zu verteilen [159].

daß der Endwert nur sehr zögernd erreicht wird. Beträgt zum Beispiel die „Zeitkonstantenstreuung" τ_{max}/τ_{min} ca 10^5 (was bei magnetischen Nachwirkungsvorgängen beobachtet wird), so fließt am zweiten Tage des Versuches noch ebensoviel Ladung ab wie in der ersten Sekunde.

Ein System mit einer großen Zeitkonstantenstreuung zeigt bei einem Schaltversuch einen logarithmischen Zeitverlauf und im Wechselstromversuch einen Verlust, der in einem weiten Frequenzbereich konstant ist.

Am Beispiel der RC Kette lassen sich Überlegungen entwickeln, die die spätere Darstellung der magnetischen Nachwirkung wesentlich erleichtern. Es werden zwei Fälle betrachtet.

a) Es sei nur ein RC Glied, z.B. R_3C_3 vorhanden. ($R_3 = 10^3\Omega$, $C_3 = 1$ mF, $\tau = 1$ s). Wird R_3 auf das Zehnfache erhöht, so steigt die Zeitkonstante auf das Zehnfache. Hierdurch wird das zeitliche Verhalten stark geändert. Wird der Entladungsstrom 10 s nach Schließen des Schalters gemessen, so ist im Fall $R_3 10\, C_3$ erst eine Zeitkonstante vergangen, der Strom beträgt also noch 1/e des Anfangswertes. Dagegen wäre zur selben Zeit der Strom des Gliedes R_3C_3 bereits auf $1/e^{10}$ abgefallen, also kaum noch meßbar. Im Wechselstromversuch verschiebt sich das Verlustmaximum von 1 Hz auf 0,1 Hz. *In einem System mit nur einer Zeitkonstante wird durch eine Änderung der Zeitkonstante das Verhalten stark geändert.*

b) Es seien die Glieder 1 bis 10 vorhanden. Wird der Entladungsstrom im Zeitraum von $t_A = 1$ s bis $t_E = 1000$ s nach Schließen des Schalters gemessen, so haben sich die Kondensatoren 1 und 2 bereits vor Beginn der Messung stark entladen. Es wird im wesentlichen der Strom aus den Kondensatoren 3 bis 6 gemessen, während die höheren Glieder sich in der Meßzeit praktisch nicht entladen. Der Entladestrom ist eine logarithmische Funktion der Zeit. Der dielektrische Verlust ist im Bereich von 1 bis 10^{-3}Hz konstant.

Werden alle Widerstände auf ein Zehntel verringert, so haben sich vor Beginn der Messung die Kondensatoren 1 bis 3 entladen. Der Strom aus den Kondensatoren 4 bis 7 wird gemessen, höhere Glieder bleiben geladen. Der Entladungsstrom ist dieselbe logarithmische Funktion der Zeit wie bei der vorhergegangenen Messung. Der Verlust ist im Bereich von 1 bis 10 Hz konstant und ebenso groß wie im vorangegangenen Versuch. *In einem System mit großer Zeitkonstantenstreuung wird durch die Änderung der Zeitkonstanten das Verhalten nicht geändert, solange die größten und kleinsten Zeitkonstanten außerhalb der Meßzeit liegen.*

Magnetische Nachwirkungserscheinungen sind relativ früh beobachtet worden (LORD RAYLEIGH 1885 [160], EWING 1889 [161]), also rund 30 Jahre vor dem BARKHAUSEN-Effekt, der erst mit Hilfe der Elektronenröhren gefunden wurde. EWING und RAYLEIGH berichteten, daß die Magnetisierung sich auch einige Zeit nach dem Einschalten eines Feldes ändere.

Diese Beobachtung wurde von anderen Autoren bestritten, bzw. auf die Wirkung der Wirbelströme zurückgeführt, die das Magnetfeld nur verzögert in die Probe eindringen lassen. Infolgedessen wurde zeitweise die Realität einer magnetischen Nachwirkung überhaupt angezweifelt, Erst seit 1924 gelang es JORDAN [162], SCHULZE [163], RICHTER [164], PREISACH [165] und HERMANN [166], die Wirbelstromeffekte abzutrennen und so die Existenz von spezifisch magnetischen Nachwirkungserscheinungen zu beweisen. Dieser Nachweis gelang hauptsächlich durch die im nächsten Abschnitt beschriebene Verlustanteiltrennung, der auch heute noch große technische Bedeutung für die Prüfung ferromagnetischer Werkstoffe zukommt.

5.2. Verlustanteiltrennung

Bei einer idealen Induktivität beträgt die Phasenverschiebung zwischen Spannung und Strom 90°; der Wechselstromwiderstand ist rein imaginär. Eine reale Induktivität (Spule mit ferromagnetischem Kern) zeigt eine von 90° abweichende Phasenschiebung, so daß Ohmsche Verluste entstehen. Im folgenden sei von den Ohmschen Verlusten in der Spulenwicklung abgesehen; es werden nur die von dem ferromagnetischen Kern hervorgerufenen Verlustanteile betrachtet. Als Maß dieser Verluste dient der Verlustwinkel δ, der durch

$$\tan \delta = R_v/2 \pi f L \tag{23}$$

definiert ist. R_v: Realteil des Wechselstromwiderstandes; f: Meßfrequenz; L: Induktivität.

Experimentell wird festgestellt, daß R_v etwa quadratisch mit der Frequenz wächst. Wird daher der Quotient $R_v/f\,L = 2\pi \tan \delta$ als Funktion der Frequenz aufgetragen, so ergeben sich näherungsweise Geraden. $\tan \delta$ ist ein Maß für den Ummagnetisierungsverlust je Zyklus.

Abb. 14 Schema einer Verlustanteiltrennung

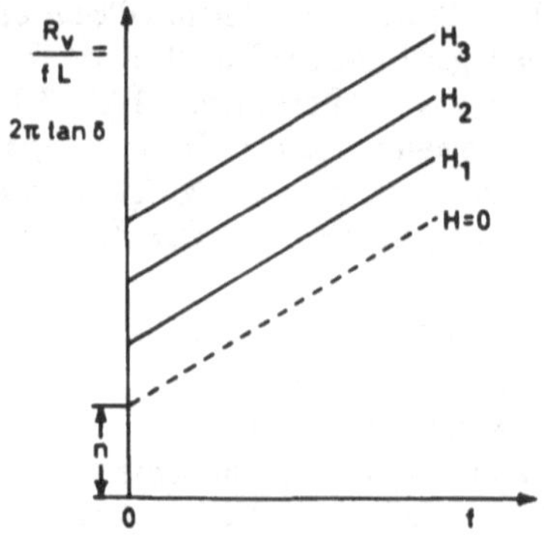

Zwei Gründe für die Verluste einer Spule mit ferromagnetischem Kern sind offensichtlich: Die Hystereseverluste und die Wirbelstromverluste.

a) Die Hystereseverluste sind proportional zur Frequenz und steigen mit der Aussteuerung, da sie proportional zur Fläche der Hystereseschleife sind. Sie verschwinden daher, wenn auf die Aussteuerung Null extrapoliert wird.

b) Durch die Ummagnetisierung eines metallischen Ferromagnetikums entstehen Wirbelstromverluste, die unabhängig von der Feldstärke sind und quadratisch mit der Frequenz anwachsen, so daß $\tan \delta$ eine lineare Funktion der Frequenz ist. Die Wirbelstromverluste verschwinden daher, wenn auf die Frequenz Null extrapoliert wird.

Wären die Hysterese- und Wirbelstromverluste die einzigen auftretenden Verluste, dann müßte die Extrapolation auf die Frequenz Null und die Aussteuerung Null entsprechend Abb. 14 auf den Verlustwinkel Null führen.

Wie erstmals JORDAN [162] feststellte, bleibt jedoch auch nach dieser Extrapolation ein von Null verschiedener Verlustwinkel bestehen, der als Nachwirkungsverlust bezeichnet wird. Danach läßt sich der Gesamtverlust in drei Summanden aufteilen.

$$2\pi \tan \delta = R_v/f\,L = w\,f + h\,H + n \tag{24}$$

w: Wirbelstrombeiwert; f: Meßfrequenz; h: Hysteresebeiwert; H: Meßfeldstärke; n: Nachwirkungsbeiwert.

Abb. 14 zeigt das auf JORDAN zurückgehende Schema einer Verlustanteiltrennung. Der Anstieg der Geraden über der Frequenz ist ein Maß für den Wirbelstrombeiwert w, der Abstand der Geraden für den Hysteresebeiwert h, der Ordinatenabschnitt für den Nachwirkungsbeiwert n.

Der Nachwirkungsverlust kann sehr erheblich sein. So wurde z.B. an einem Karbonyleisenpulverkern festgestellt, daß bis 80 kHz die Nachwirkungsverluste den Hauptanteil der Verluste darstellen; erst oberhalb dieser Frequenz überwiegen zunehmend die Wirbelstromverluste [31].

Das in Abb. 14 dargestellte einfache Verfahren wurde speziell für hohe Frequenzen von FELDTKELLER durch die Ortskurvendarstellung der komplexen Permeabilität wesentlich erweitert und verfeinert. Diesbezüglich sei auf die Originalliteratur verwiesen [167–169].

Im Zusammenhang mit dieser Arbeit genügt die Feststellung: *Es gibt Ummagnetisierungsverluste, also Phasenverschiebungen zwischen Magnetisierung und Feld, die weder auf Hysterese- noch auf Wirbelstromverluste zurückzuführen sind.*

Der Ummagnetisierungsvorgang kann also nicht vollständig durch das in Abschnitt 4.2. dargestellte Modell der ortsabhängigen Wandenergie beschrieben werden. *Daher muß das Modell durch eine Zeitabhängigkeit der Wandenergie ergänzt werden.*

Verlustwinkelmessungen sind an einer großen Zahl von Werkstoffen in einem weiten Temperatur- und Frequenzbereich durchgeführt worden. Hierdurch wurde festgestellt, daß sich die Nachwirkungsverluste in zwei Gruppen trennen lassen:

a) ein in allen Werkstoffen auftretender Anteil, der von der Frequenz nahezu unabhängig ist und daher gemäß der formalen Beschreibung durch eine sehr große Zeitkonstantenstreuung charakterisiert wird. Diese *Jordansche Nachwirkung* wird in Abschnitt 5.5. behandelt.

b) ein nur in einigen Werkstoffen auftretender Anteil, der bei einer bestimmten Frequenz ein Maximum erreicht und daher in der formalen Theorie durch eine einzige Zeitkonstante zu beschreiben ist. Diese *Richtersche Nachwirkung* wird in Abschnitt 5.3. dargestellt.

In den folgenden Abschnitten werden die physikalischen Theorien der Richterschen und Jordanschen Nachwirkung gegenübergestellt. Alle Theorien der magnetischen (und mechanischen) Nachwirkung gehen von der BOLTZMANN-Statistik aus. Trotz dieser gemeinsamen Grundlage führen die einzelnen Theorien zu sehr verschiedenen Ergebnissen hinsichtlich der Abhängigkeit der Nachwirkungsvorgänge von Temperatur, Zeit und Feld. Im folgenden werden diese Theorien dargestellt und verglichen. Insbesondere soll dabei die paradox erscheinende Tatsache erklärt werden, daß die Jordansche Nachwirkung, als deren Ursache „thermische Aktivierung“ bezeichnet wird, in der Literatur als „nahezu temperaturunabhängig“ bezeichnet und diese Eigenschaft geradezu als Kriterium zur Unterscheidung von der Richterschen Nachwirkung angesehen wird. Ferner wird auf den wesentlichen Unterschied zwischen der Nachwirkung im massiven Material und in dünnen Schichten hingewiesen.

5.3. Richtersche Nachwirkung

5.3.1. Theorie von Snoek

In einigen Werkstoffen tritt ein Maximum des Verlustwinkels bei einer bestimmten Frequenz auf. Gemäß der formalen Theorie ist daher der Nachwirkungsvorgang durch eine einzige Zeitkonstante (bzw. durch eine sehr geringe Zeitkonstantenstreuung) zu beschreiben. SNOEK [170,171] deutete diese Erscheinung zunächst für den Fall des kohlenstoffhaltigen Eisens. Für die Snoeksche Theorie sind drei Voraussetzungen entscheidend:

a) die Umgebung der Kohlenstoffatome muß eine geringere Symmetrie aufweisen als das Gitter selbst.

b) es muß einen Wechselwirkungsmechanismus zwischen der Magnetisierung und den Kohlenstoffatomen geben.

c) die Kohlenstoffatome sollen im Eisen durch thermische Aktivierung diffundieren können.

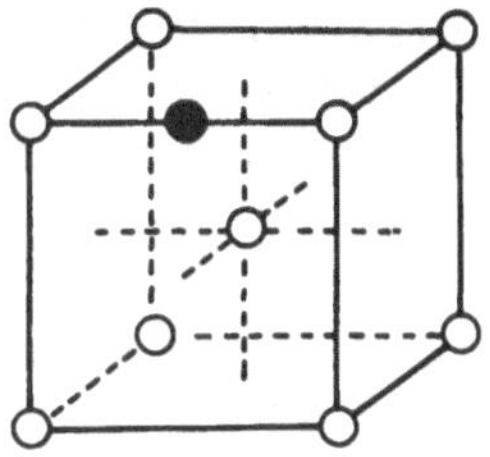

Abb. 15 Lage eines Kohlenstoffatoms im kubisch raumzentrierten Gitter des Eisens

zu a) Die Kristallstruktur des Eisens ist kubisch raumzentriert. Nach Abb. 15 hat ein Kohlenstoffatom auf einem Zwischengitterplatz nur zwei Eisenatome als nächste Nachbarn. Somit kann ein Kohlenstoffatom auf einem X-Platz (wie in Abb. 15 dargestellt) die X-Richtung auszeichnen, da in den anderen Richtungen die Eisenatome weiter entfernt sind.

In der Umgebung des Kohlenstoffatoms ist somit die X-Richtung (und die Gegenrichtung) als Symmetrieachse ausgezeichnet, während das Eisengitter selbst kubische Symmetrie besitzt. Ebenso können Kohlenstoffatome auf Y- und Z-Plätzen die entsprechenden Richtungen auszeichnen.

zu b) Für den Wechselwirkungsmechanismus zwischen Magnetisierung und Kohlenstoffatomen nahm SNOEK die Magnetostriktion an. Wird das Gitter in Richtung der Magnetisierung gedehnt, so werden die Zwischengitterplätze in Magnetisierungsrichtung größer. Befinden sich dort Kohlenstoffatome, so wird umgekehrt nach dem Prinzip vom kleinsten Zwang diese Richtung zur magnetisch leichten Richtung, da die Kohlenstoffatome die Aufweitung unterstützen.

zu c) Im Gitter sollen die Kohlenstoffatome diffundieren können. Beim Sprung von einem Zwischengitterplatz zum anderen muß eine Energiebarriere der Höhe Q überwunden werden. Nach der BOLTZMANN-Statistik ist die Wahrscheinlichkeit P, daß ein Kohlenstoffatom durch thermische Aktivierung diese Energie erhält, pro Zeiteinheit durch den Ausdruck

$$P = C \exp(-Q/kT) \tag{25}$$

gegeben. Darin bedeuten C einen (in erster Näherung temperaturunabhängigen) Frequenzfaktor von der Größenordnung der DEBYE-Frequenz (10^{10} Hz), k die BOLTZMANN-Konstante und T die Temperatur. Die Aktivierungsenergie der Kohlenstoffatome im Eisen beträgt ca. 1 eV. Da kT bei 300°K rund 0,03 eV beträgt, hat der Exponent den Wert 1/30, so daß eine geringe Variation der Temperatur eine sehr starke Änderung von P bewirkt. Die Diffusionsgeschwindigkeit ist also sehr stark temperaturabhängig.

Auf Grund dieser Voraussetzungen läßt sich die Nachwirkung folgendermaßen veranschaulichen: In Abb. 16 sind zwei antiparallel magnetisierte Bereiche und eine Wand im kubisch raumzentrierten Gitter des Eisens mit eingelagerten Kohlenstoffatomen gezeichnet. Wäre das Gitter nicht magnetisiert, dann wären alle

Raumrichtungen gleichberechtigt, so daß die Kohlenstoffatome die X-, Y- und Z-Plätze gleichmäßig besetzten. Infolge der Magnetisierung tritt jedoch Magnetostriktion ein, die das Gitter in den Bereichen in X-Richtung, in der Wand in Z-Richtung aufweitet. Daher diffundieren die Kohlenstoffatome in den Bereichen auf X-Plätze, in der Wand auf Z-Plätze.

Nach erfolgter Diffusion ist die jeweilige Magnetisierungsrichtung zur leichten Richtung geworden; dies wird als *„Stabilisierung der Wand durch Diffusion“* bezeichnet.

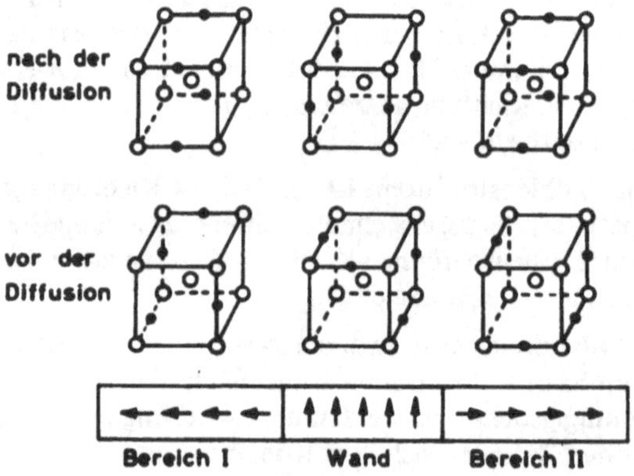

Abb. 16 Stabilisierung einer Wand durch Diffusion des Kohlenstoffs im Eisen

Zu den in Abschnitt 3.2. dargestellten Energietermen tritt eine Diffusionsanisotropie, die ebenso wie die Spannungsanisotropie eine magnetisch leichte Richtung hervorruft. Nach NÉEL [154] kann die Diffusionsanisotropie durch einen Term

$$E_D = w \sin^2 \beta \qquad (26)$$

berücksichtigt werden. Soll die Magnetisierung um den Winkel β gegen die durch Diffusion hervorgerufene leichte Richtung gedreht werden, so ist pro Volumeneinheit die Arbeit $w \sin^2 \beta$ zu leisten, da nach der Drehung die Kohlenstoffatome auf den energetisch ungünstigen (verkleinerten) Zwischengitterplätzen liegen.

In der Literatur wird teilweise unterschieden zwischen der „Orientierung“ (Bewegung der Fremdatome zwischen zwei benachbarten, verschieden orientierten Plätzen wie in Abb. 16) und „Diffusion“ (Bewegung der Fremdatome über grössere Entfernung, z.B. aus einem Bereich in eine Wand). In dieser Darstellung wird der allgemeine Ausdruck „Diffusion“ beibehalten.

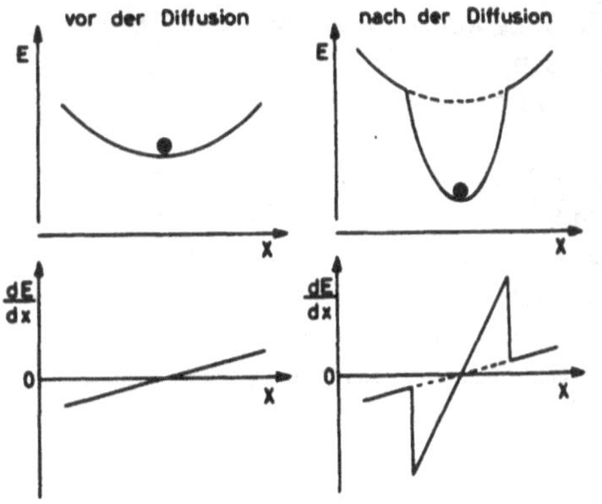

Abb. 17 Veranschaulichung der Beeinflussung des Potentialgebirges durch Diffusionsnachwirkung

Die durch Diffusion bewirkte Veränderung des Potentialgebirges werde hier durch Abb. 17 veranschaulicht. Da durch die Diffusion die Lage der Magnetisierungsvektoren in der Wand (Z-Richtung; vgl. Abb. 16) energetisch bevorzugt ist, wird die Wandenergie vermindert. Durch die im Lauf der Zeit fortschreitende Diffusion sinkt die Wand in der $E(x)$ Kurve in eine Mulde ein. In den Bereichen hat sich jedoch die X-Richtung stabilisiert; soll die Wand dorthin verschoben werden, so ist nach Gl. 26 eine zusätzliche Arbeit zu leisten, um dort die Magnetisierung aus der X-Richtung in die der Wand entsprechende Z-Richtung zu drehen. Die Bereiche sind durch die Diffusion für die Wand schwerer erreichbar geworden, im $E(x)$ Verlauf also erhöht darzustellen. Durch Abb. 17 lassen sich alle im folgenden zu behandelnden Erscheinungen der Richterschen Nachwirkung anschaulich verstehen.

Für die Ummagnetisierungsverluste durch Richtersche Nachwirkung ist das Verhältnis der Wechselfeldfrequenz zur Zeitkonstante des Diffusionsvorgangs (Reziprokwert von P in Gl. 25) entscheidend. Bei tiefer Temperatur erfolgt die Diffusion so langsam, daß sich innerhalb einer Wechselfeldperiode keine Mulde ausbilden kann. Die Wand bewegt sich also in einem nahezu konstanten Potentialverlauf und die Ummagnetisierungsverluste sind gering.

Bei hoher Temperatur erfolgt die Diffusion sehr viel schneller als die Bewegung der Wand, so daß sich stets eine Gleichgewichtsverteilung der Kohlenstoffatome in der Wand und in ihrer Umgebung einstellt. Die Mulde bewegt sich ohne Verzögerung mit der Wand mit; die Ummagnetisierungsverluste sind gering.

In einem mittleren Temperaturbereich ist die Zeitkonstante der Diffusion gleich der reziproken Wechselfeldfrequenz. Dann bewegt sich die Wand in ein Gebiet, in dem die Kohlenstoffatome noch die Richtung der Bereiche begünstigen und erst allmählich in die neue Richtung diffunieren. Die Mulde folgt der Wand nur zögernd; diese Verzögerung der Wand gegenüber dem Feld bewirkt ein Maximum der Ummagnetisierungsverluste.

Mit steigender Temperatur nimmt gemäß Gl. 25 die Zeitkonstante der Diffusion ab, das Verlustmaximum tritt nach diesem Modell also bei höherer Frequenz auf.

Diese Folgerung ist in voller Übereinstimmung mit der Erfahrung [172,173] (vgl. Abb. 18). Aus der Verschiebung der Frequenz mit maximalem Verlust als Funktion der Temperatur läßt sich die Aktivierungsenergie Q berechnen.

Die Erscheinung der Ummagnetisierungsverluste durch Diffusion hat SNOEK [170] mit einem mechanischen Modell verglichen: Eine Kugel liege in einer Mulde, deren Oberfläche mit Schlamm bedeckt ist. Bei hohen Temperaturen ist der Schlamm dünnflüssig; die Bewegung der Kugel wird nur wenig behindert. Bei tiefer Temperatur ist der Schlamm hart gefroren; die Kugel rollt ungehindert auf seiner glatten Oberfläche. In einem mittleren Temperaturbereich bewegt sich die Kugel im zähflüssigen Schlamm und erfährt daher einen maximalen Reibungswiderstand.

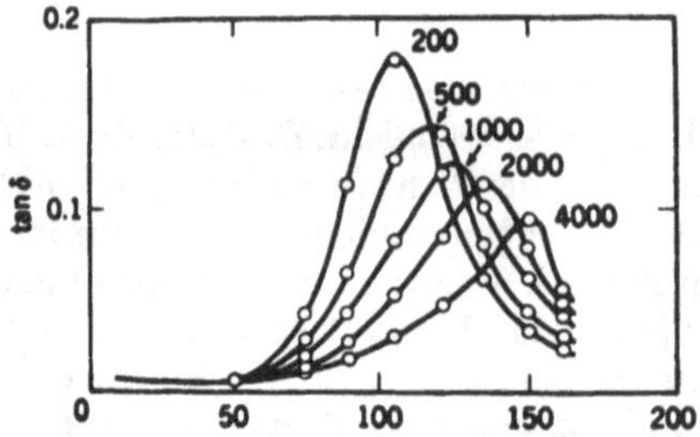

Abb. 18 Temperaturabhängigkeit des Verlustwinkels an einem kohlenstoffhaltigen Stahl. Parameter ist die Ummagnetisierungsfrequenz in Hz (nach TOMONO [173])

SNOEK [174] stützt seine Theorie durch die Beobachtung, daß auch die mechanische Nachwirkung des betreffenden Materials dieselbe Abhängigkeit von der Temperatur und dem Kohlenstoffgehalt aufweist wie die Ummagnetisierungsverluste.

Die Messungen der mechanischen Nachwirkung, die zu einer Dämpfung von Schwingungen durch innere Reibung führt, sind zu einem wichtigen Hilfsmittel der Metallkunde geworden (vgl. RATHENAU [175], SCHILLER [176], KÖSTER [177] und FRANZ [178]).

In vielen Fällen wurde festgestellt, daß die (bei kleiner Aussteuerung gemessene) Anfangspermeabilität eines Werkstoffs im Lauf der Zeit abnimmt. Auch diese, als *Desakkomodation* bezeichnete Erscheinung läßt sich durch das Snoeksche Modell deuten. Vor Beginn der Diffusion liege die Wand in einer flachen Mulde (Abb. 17); der dE/dx Verlauf ist ebenfalls flach, so daß ein bestimmtes Wechselfeld eine große Wandverschiebung hervorruft. Im Lauf der Zeit senkt sich die Mulde ab, so daß der dE/dx Verlauf steiler wird. Im gleichen Wechselfeld wird daher die Wandbewegung kleiner, was die beobachtete Abnahme der Anfangspermeabilität (Verhältnis von Wandamplitude zu Feldamplitude) erklärt.

Der direkteste Nachweis der Wandstabilisierung gelang BRISSONNEAU [179–181] durch die Messung der Magnetisierung als Funktion des Feldes zu verschiedenen Zeiten nach Beginn der Diffusion. Hierzu wurde kohlenstoffhaltiges Eisen im Wechselfeld abmagnetisiert, so daß sich eine gleichmäßige Verteilung der Kohlenstoffatome auf die verschieden orientierten Gitterplätze einstellte. Wird sofort nach dieser Abmagnetisierung die Magnetisierung als Funktion des Feldes gemes-

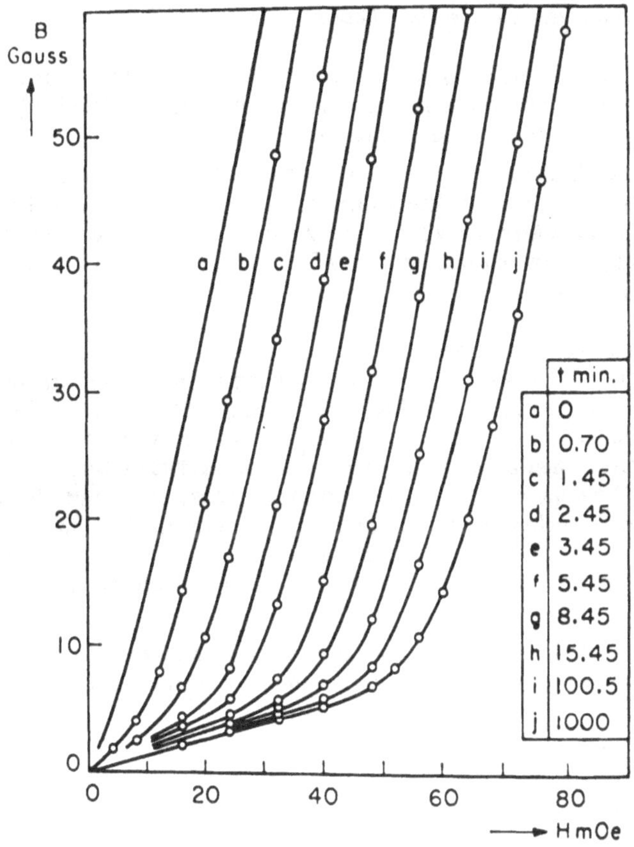

Abb. 19 Magnetisierungskurven für kohlenstoffhaltiges Eisen (4,6.10^{-3} Gewichtsprozent) zu verschiedenen Zeiten nach der Abmagnetisierung. Kurve a ist durch Extrapolation ermittelt. Temperatur 245,9°K (nach BRISSONNEAU [180])

sen, so ergibt sich die in Abb. 19 mit a bezeichnete Kurve. Wird jedoch das Feld erst später eingeschaltet, so wird im gleichen Feld ein wesentlich geringerer Wert der Magnetisierung erreicht. Hierdurch wird die im Lauf der Zeit durch Diffusion eintretende Verminderung der Wandbeweglichkeit unmittelbar deutlich.

Es ist bemerkenswert, daß die hier beobachtete Magnetisierungsänderung sehr gering ist. Der Wert von 20 Gauss entspricht 1/1000 der Sättigungsmagnetisierung des Eisens. Aus der Zahl der vorhandenen Wände (gemessen durch Bitter-Streifen) schloß BRISSONNEAU, daß eine Magnetisierungsänderung von 20 Gauss einer Wandverschiebung von 6–7 Gitterkonstanten, d.h. ca. 20 Å entspricht. Die Bewegung der Wand ist also sehr viel geringer als ihre Dicke. Ähnliche Versuche wurden von BOSMAN und DE VRIES durchgeführt [182].

5.3.2. Erweiterung der Snoekschen Theorie

Die Snoeksche Theorie ist in mehrfacher Weise weiterentwickelt worden; unverändert bleibt jedoch die Grundvoraussetzung, daß der Gitterfehler eine geringere Symmetrie aufweisen muß als das Gitter selbst.

NÉEL [154] wies darauf hin, daß die von SNOEK als Wechselwirkungsmechanismus angenommene Magnetostriktion allein nicht ausreicht, um die beobachteten Erscheinungen zu erklären. Es wurde daher zusätzlich die Änderung der magnetischen Kopplung der Eisenatome durch das Dazwischentreten der Kohlenstoffatome berücksichtigt.

Im Bereich tiefer Temperaturen (-180 bis -130°C) beobachteten WIJN und VAN DER HEIDE [183] an Ferriten maximale Ummagnetisierungsverluste, die in gleicher Weise wie die Verluste des kohlenstoffhaltigen Eisens von der Temperatur und der Frequenz abhängen (vgl. Abb. 18). Dieser Effekt wird der *Diffusion von Leitungselektronen* zwischen den zwei- und dreiwertigen Eisenionen zugeschrieben. Wird bei der Herstellung des Ferrits eine genau stöchiometrische Zusammensetzung erreicht (was durch das Auftreten minimaler Leitfähigkeit nachgewiesen werden kann), so verschwindet die Nachwirkung. Damit wird bewiesen, daß die Nachwirkung tatsächlich durch die Diffusion der Leitungselektronen entsteht.

Die von SNOEK für den Fall des raumzentrierten Eisens entwickelten Vorstellungen sind auf zahlreiche andere Kristallstrukturen erweitert worden. Die vier wichtigsten Fälle sind in Abb. 20 zusammengestellt.

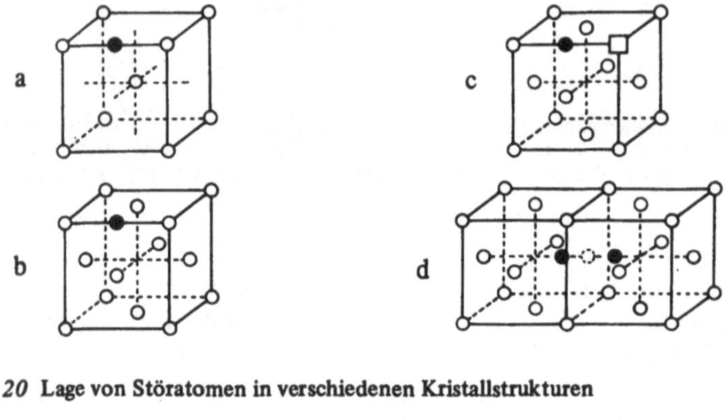

Abb. 20 Lage von Störatomen in verschiedenen Kristallstrukturen

Während ein Störatom in einem kubisch raumzentrierten Kristall (Abb. 20a) auf Grund der Symmetrieverhältnisse eine Richtung auszeichnen kann, ist dies in einem kubisch flächenzentrierten Kristall (Abb. 20b) nicht möglich. So kann Kohlenstoff im kubisch flächenzentrierten Nickel keine Nachwirkung hervorrufen, weil das C-Atom in allen Raumrichtungen in gleicher Entfernung von nächsten Nachbarn umgeben ist. Die Umgebung des Störatoms hat dieselbe Symmetrie wie das Gitter selbst, wodurch die wichtigste Voraussetzung für die Richtersche Nachwirkung entfällt.

Diese Überlegung wurde lange Zeit auf alle kubisch flächenzentrierten Materialien übertragen. Erst seit 1963 konnten ADLER und RADELOFF [184–189] in einer Reihe von Arbeiten zeigen, daß dieser Schluß nicht allgemein richtig ist.

Die Symmetriebetrachtung, die im Falle des Nickels eine Richtersche Nachwirkung ausschließt, trifft nicht mehr zu, wenn es sich um eine kubisch flächenzentrierte *Legierung* handelt. Die Autoren wiesen nach, daß Kohlenstoff, Stickstoff und Wasserstoff in den technisch wichtigen Eisen-Nickel Legierungen Richtersche Nachwirkung hervorrufen, die in jeder Hinsicht den an Eisen gefundenen Effekten entspricht und auch die gleiche Intensität erreicht. Auch bei diesen Materialien genügen Verunreinigungen der Größenordnung 10^{-5}, um starke Nachwirkungserscheinungen hervorzurufen. Die überraschende Tatsache, daß diese Effekte trotz ihrer Größe nicht früher gefunden wurden, erklären die Autoren dadurch, daß nicht danach gesucht wurde, da in kubisch flächenzentrierten Werkstoffen keine Richtersche Nachwirkung erwartet wurde.

Das Auftreten der Richterschen Nachwirkung in diesen Legierungen ist demnach darauf zurückzuführen, daß in einem Gitter aus verschiedenen Atomarten ein Störatom sehr wohl eine Raumrichtung auszeichnen kann (Abb. 20c), wenn es in verschiedenen Richtungen von verschiedenen Legierungsbestandteilen umgeben ist.

Auch in reinen, kubisch flächenzentrierten Substanzen (Nickel) können Richtersche Nachwirkungserscheinungen entstehen, wenn kompliziertere Gitterfehler auftreten, was in Abb. 20d für den einfachsten Fall einer Doppelstörstelle dargestellt ist. Hierbei kann es sich bei der gezeichneten „Hantellage" sowohl um zwei Nickelatome als auch um ein Nickelatom und ein Fremdatom handeln. Durch die Verbindungsgerade einer solchen Doppelstörstelle kann eine Richtung ausgezeichnet werden. Die Wahrscheinlichkeit für die Bildung derartiger Konfigurationen ist jedoch geringer als in den Fällen a und c, da jeweils zwei Störatome in geeigneter Weise zusammentreffen müssen. Daher ist die Intensität der Nachwirkungserscheinungen in Nickel geringer als in Stoffen, in denen bereits eine Einzelstörstelle Nachwirkung hervorruft. Die Erforschung dieser Effekte in Nickel erfordert daher besonders empfindliche Meßverfahren, gibt aber gerade wegen der Symmetrieverhältnisse besonders aufschlußreiche Ergebnisse über die Art der Gitterfehler, die mit magnetischen Methoden wesentlich genauer untersucht werden können als etwa durch Messung des elektrischen Widerstandes. Das Studium dieser Gitterfehler hat sich zu einem Spezialgebiet entwickelt, das von KRONMÜLLER [4] umfassend dargestellt worden ist (siehe auch SEEGER [190], SEEGER, KRONMÜLLER und RIEGER [191] sowie NÉEL [192]).

Die magnetische Untersuchung der Gitterfehler hat eine starke technische Bedeutung zur Beobachtung der Strahlungsschäden erlangt, die durch energiereiche ($>$ 1 MeV) Elektronen und Neutronen hervorgerufen werden und wird daher unter anderem zur Prüfung von Reaktorwerkstoffen angewendet [194–199]. Die Wechselwirkung der Wände mit Leerstellen wurde von DIETZE behandelt [193].

Im Zusammenhang mit der Richterschen Nachwirkung lassen sich zwei weitere Effekte deuten, die als *große BARKHAUSEN-Sprünge* in Erscheinung treten (vgl. 4.5.). Sie stellen einen wesentlichen Schritt zur Erklärung der eigenen Experimente dar.

5.4. Große Barkhausen-Sprünge

5.4.1. Dynamische Rechteckigkeit

Im allgemeinen ist die Form der Hysteresekurve unabhängig von der Frequenz, mit der die Messung durchgeführt wird (sofern Wirbelströme keine Rolle spielen). LOVELL und EPSTEIN [200] beobachteten die Ummagnetisierung von YIG (Yttriumeisengranat) bei 77°K und stellten fest, daß die Hysterese bei einer Frequenz von 0,26 Hz normal, d.h. schleifenförmig war, bei 1 Hz und darüber jedoch rechteckig wurde (Abb. 21). Ähnliche Effekte wurden an LuIG (Lutetiumeisengranat) beobachtet.

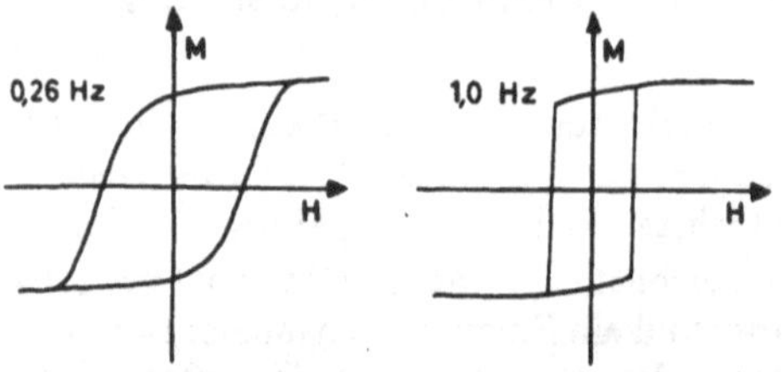

Abb. 21 Frequenzabhängigkeit der Hystereseschleife von Yttriumeisengranat bei 77°K (nach LOVELL und EPSTEIN [200])

Da in diesem Fall die Form der Hysterese von der Frequenz abhängt, wurde die Erscheinung als „dynamische Rechteckigkeit" (dynamic squareness) bezeichnet. Nachdem ein ähnlicher Effekt zunächst auf Startschwierigkeiten der Wand zurückgeführt worden war [201], gab JANAK [202,203] eine Erklärung durch Nachwirkungserscheinungen. JANAK nimmt an, daß in dem Material eine Richtersche Nachwirkung durch Diffusion von Elektronen vorhanden sei und diskutiert das Verhalten der Wände am Modell der Diffusionsnachwirkung von Kohlenstoff in Eisen. In einer ruhenden oder langsam bewegten Wand orientieren sich die Störatome (Elektronen) entsprechend der Magnetisierungsrichtung in der Wand. Wird die Wand durch ein äußeres Feld weiterbewegt, so diffundieren die Störatome wieder in ihre Positionen in den Bereichen zurück. Dieser Diffusionsvorgang bewirkt eine Dissipation der magnetischen Energie im „Kielwasser" der Wand, wirkt also als Bremsung der Wandbewegung. JANAK nimmt an, daß diese Bremsung umgekehrt proportional zur Wandgeschwindigkeit sei. Anschauliche Begründung: Wenn sich die Wand sehr schnell bewegt, können sich die Störatome in ihr nur wenig orientieren, also verbrauchen sie auch nur wenig Energie für ihre Rückorientierung.

Abb. 22 Temperaturabhängigkeit der Hystereseschleife von Lutetiumeisengranat bei 60 Hz (nach JANAK [202]). Abb. 21 und 22 wurden zur Reproduktion nachgezeichnet.

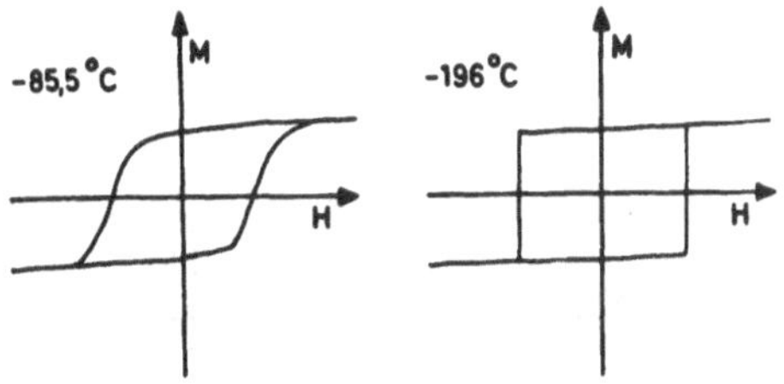

Ein Dämpfungsmechanismus, dessen Intensität mit zunehmender Geschwindigkeit abnimmt, gibt Anlaß zur Instabilität. Unterhalb einer bestimmten Feldfrequenz und damit Wandgeschwindigkeit ist die Dämpfung hoch. Die Wand bewegt sich stark gedämpft, was zu einer normalen Hystereseschleife führt. Oberhalb einer bestimmten Frequenz überschreitet die Wand eine Grenzgeschwindigkeit, so daß die Bremsung geringer wird. Daher wird die Wand noch schneller, wodurch die Bremsung weiter abnimmt und so fort. Die Wand magnetisiert dann die Probe in einem einzigen Sprung um. Dieses Umschlagen der Wandbewegung setzt ein geeignetes Verhältnis der Diffusionszeitkonstante der Elektronen zur Wandgeschwindigkeit voraus. Da die Diffusionsgeschwindigkeit temperaturabhängig ist, wurde der Umschlag der Wandbewegung in die dynamische Instabilität bei gegebener Temperatur oberhalb einer bestimmten Frequenz (Abb. 21) und bei gegebener Frequenz unterhalb einer bestimmten Temperatur beobachtet (Abb. 22).

Diese dynamische Rechteckigkeit ist daran gebunden, daß keine wesentliche Bremsung der Wandbewegung auftritt, die mit steigender Geschwindigkeit zunimmt. Aus diesem Grunde ist wegen der Wirbelstromdämpfung eine derartige Erscheinung im massiven metallischen Material nicht möglich. Dagegen wäre unter geeigneten Bedingungen in dünnen Schichten mit dem Auftreten einer dynamisch instabilen Wandbewegung zu rechnen.

5.4.2. Anomaler Barkhausen-Effekt

FERRO, MAZZETTI und MONTALENTI [204] untersuchten die Ummagnetisierung einer Eisen-Aluminium Legierung bei erhöhter Temperatur. Sie stellten fest, daß die Hysterese unterhalb 400°C normal, d.h. im makroskopischen Maßstab stetig verläuft. Oberhalb 400°C treten jedoch große Sprünge im Magnetisierungsverlauf auf, die die Autoren als anomalen BARKHAUSEN-Effekt bezeichnen (Abb. 23).

Die Autoren deuten die Erscheinung durch eine Orientierung von Al-Al Paaren, die zu einer Stabilisierung der Wände führen kann. Nach jedem Sprung soll sich die Wand durch die Orientierung von Al-Al Paaren stabilisieren und sich erst wieder bewegen können, wenn das äußere Feld die Stabilisierungsfeldstärke über-

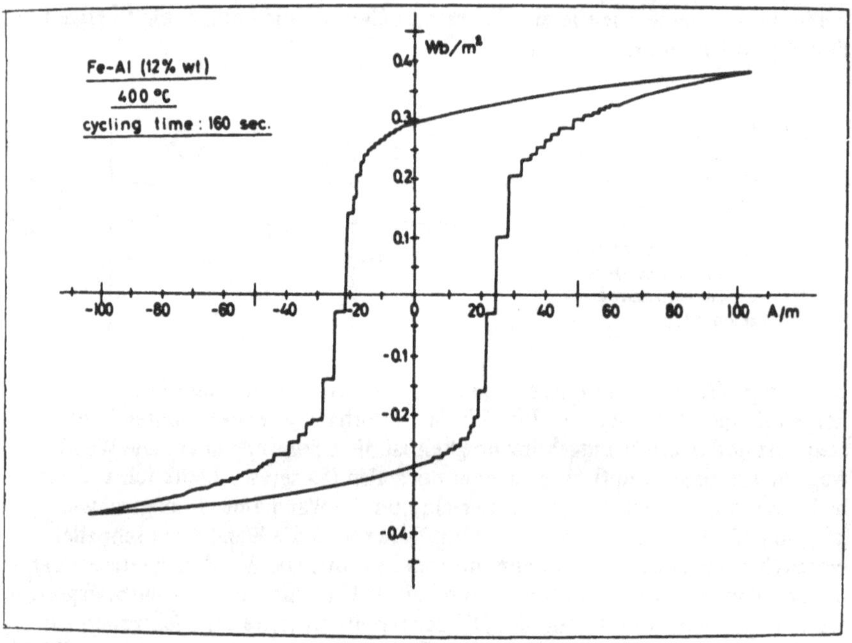

Abb. 23 Hystereseschleife einer Eisen-Aluminium Legierung (12 Gewichtsprozent Al) bei 400°C. Die Schleife wird in 160 s durchlaufen. (nach FERRO, MAZZETTI und MONTALENTI [204]).

wunden hat. Die Stabilisierungsfeldstärke ist die im Lauf der Zeit durch Diffusion eintretende Erhöhung der Wandbewegungsfeldstärke (vgl. Abb. 19). Entsprechend der mit steigender Temperatur zunehmenden Beweglichkeit der Al-Al Paare verschiebt sich dieser Effekt mit steigender Temperatur zu höherer Frequenz. Die Annahme, daß der Effekt auf die Orientierung der Al-Al Paare zurückzuführen sei, stützen die Autoren durch die Feststellung, daß der Effekt an reinen Metallen wie Eisen und Nickel bis zum Curie Punkt nicht auftritt.

Es besteht demnach folgender Unterschied zwischen der dynamischen Rechteckigkeit und dem anomalen BARKHAUSEN-Effekt: Die dynamische Rechteckigkeit tritt ***unterhalb einer bestimmten Temperatur*** und ***oberhalb einer bestimmten Frequenz*** auf. Der anomale BARKHAUSEN-Effekt zeigt sich ***oberhalb einer bestimmten Temperatur*** und ***unterhalb einer bestimmten Frequenz.*** Dieser Unterschied ist darauf zurückzuführen, daß im Falle der dynamischen Rechteckigkeit die Wand während ihrer Bewegung, im Falle des anomalen BARKHAUSEN-Effektes während ihres Stillstandes durch Diffusion beeinflußt wird.

5.5. Jordansche Nachwirkung

Wie in Abschnitt 5.2. dargestellt, tritt in allen ferromagnetischen Werkstoffen ein Verlustanteil auf, der – im Gegensatz zur Richterschen Nachwirkung – von der Temperatur und der Frequenz nahezu unabhängig ist und nach seinem Entdedekker als Jordansche Nachwirkung bezeichnet wird.

Die Jordansche Nachwirkung ist in allen ferromagnetischen Substanzen vorhanden, auch wenn diese keine orientierungsfähigen Gitterstörstellen enthalten. Alle zur Deutung dieser Erscheinung entwickelten Theorien lassen sich auf folgenden Grundgedanken der *thermischen Schwankung* zurückführen.

Eine Wand befinde sich an einer Stelle x_1 des Potentialgebirges, die der Energie E_1 entspricht. Zur Überwindung des Berges an der Stelle x_2 ist die höhere Energie E_2 erforderlich. Infolge der thermischen Schwingungen des Gitters liegen die Magnetisierungsvektoren nicht vollkommen fest, sondern führen gleichfalls eine ungeordnete Bewegung aus, wodurch sie ein „inneres Schwankungsfeld" erzeugen. Daher ist die Zuordnung der Punkte x_1 und x_2 zu den Energien E_1 und E_2 nicht vollkommen starr, sondern unterliegt statistischen Schwankungen. Somit kann sich die Wand als Folge der thermischen Schwingungen des Gitters relativ zum Potentialgebirge bewegen. Dieser Vorgang ist analog der Brownschen Molekularbewegung suspendierter Teilchen in einer Flüssigkeit.

Die zur Überwindung des Potentialberges erforderliche fehlende Energie $E_2{-}E_1$ soll nach dieser Konzeption also durch thermische Schwankungen aufgebracht werden. Entsprechend der BOLTZMANN Statistik ist pro Zeiteinheit die Wahrscheinlichkeit, daß der fehlende Energiebetrag durch thermische Schwankungen zur Verfügung gestellt wird

$$P = C \exp (E_1-E_2)/kT \qquad (27)$$

C bedeutet einen Frequenzfaktor in der Größenordnung der DEBYE-Frequenz. Es ist gleichgültig, ob man sich anschaulich die Berge oder die Wände als bewegt denkt.

Diese Vorstellung der Überwindung eines Hindernisses durch thermische Aktivierung gilt in gleicher Weise auch für die Rotation der Magnetisierung in Einbereichteilchen, wenn der Magnetisierungsvektor dabei eine magnetisch schwere Richtung überstreichen muß.

Im Prinzip gehen alle im folgenden beschriebenen Theorien von Gl. 27 aus, gelangen jedoch durch verschiedene Anwendung der Gleichung auf den Ummagnetisierungsvorgang zu sehr verschiedenen Ergebnissen. Aus dem Grundgedanken der thermischen Aktivierung wurden vier verschiedene Theorien über die *thermisch aktivierte Ummagnetisierung* entwickelt. Sie beziehen sich auf

a) Einbereichteilchen (NÉEL 1949) [205]
b) massives Material (STREET und WOOLLEY 1949) [206–208]

c) massives Material (NÉEL 1950) [152–153]
d) dünne Schichten (STACEY 1960) [209]

Unter den Deutungen der Jordanschen Nachwirkung sind insbesondere die Theorien für das massive Material uneinheitlich und wenig übersichtlich (vgl. die Kritik von BROWN [210]). Um diese Schierigkeiten zu vermeiden, werden in dieser Arbeit – abweichend von der historischen Reihenfolge – zuerst die Theorien für dünne Schichten und Einbereichteilchen behandelt. Unter Beachtung des Unterschiedes zwischen dünnen Schichten und massivem Material, wie er in Abb. 11 zum Ausdruck kommt, lassen sich danach die Theorien für das massive Material leichter darstellen.

5.5.1. Dünne Schichten

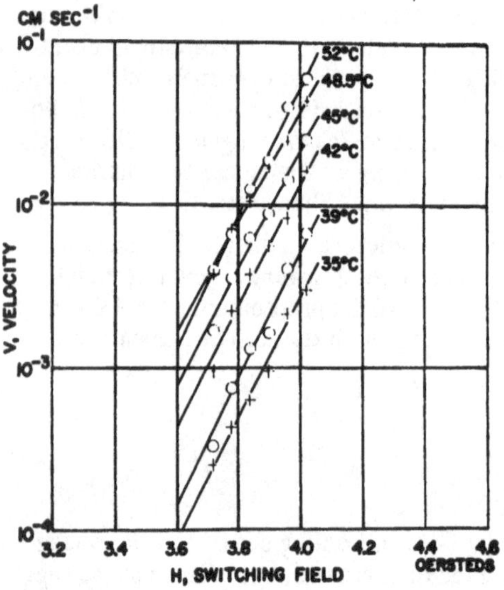

Abb. 24 Geschwindigkeit einer Wand in einer Eisen-Nickel Schicht als Funktion des konstanten äußeren Feldes bei verschiedenen Temperaturen (nach OLMEN und MITCHELL [211])

STACEY [209] entwickelte seine Theorie zur Deutung experimenteller Ergebnisse von OLMEN und MITCHELL [211]. Diese Autoren beobachteten, daß die Wände in Eisen-Nickel Schichten sich unter dem Einfluß eines zeitlich *konstanten* Feldes langsam bewegen und im Lauf der Zeit (einige Sekunden bis Minuten) die Schicht ummagnetisieren. Die Geschwindigkeit der Wandbewegung wächst nach Abb. 24 exponentiell mit der Feldstärke. In einem gegebenen Feld nimmt die Geschwindigkeit mit steigender Temperatur sehr stark zu.

Zur Erklärung dieser Erscheinung nimmt STACEY an,* daß die Wand vor Energiebarrieren steht, die sie durch das äußere Feld allein nicht überwinden kann. Alle

* STACEY gibt keine modellmäßige Veranschaulichung seiner Rechnung. Eine Deutung seiner Theorie und ihre Einordnung in das Potentialmodell wird hier in den Abschnitten 5.6. und 9 durchgeführt.

Barrieren haben die gleiche Höhe E_o, den gleichen Abstand d und können in einem Feld der Größe H_o überwunden werden. STACEY nimmt ferner an

$$E_o = 2MVH_o \tag{28}$$

M ist die Magnetisierung; das „Aktivierungsvolumen" V ist hier zunächst nur als Proportionalitätsfaktor eingeführt und wird später (Abschnitt 5.5.5., 5.6. u. 10.5.) diskutiert. H_o ist das Feld, in dem die Wand die Energiebarrieren ohne Hilfe der thermischen Aktivierung überwindet. Die Schicht befindet sich in einem Feld $H < H_o$, so daß der Wand nur die Energie 2MVH zur Verfügung steht. Zur Überwindung des Berges fehlt also die Energie

$$E = E_o - 2MVH = 2MV(H_o - H) \tag{29}$$

Pro Sekunde ist die Wahrscheinlichkeit, daß der Wand die fehlende Energie durch thermische Aktivierung zur Verfügung gestellt wird (vgl. Gl. 27)

$$P = C \exp \frac{2MV}{kT}(H - H_o) \qquad \text{für } H < H_o \tag{30}$$

Pro Sekunde kann die Wand also P Berge überwinden und hat daher die mittlere Geschwindigkeit $v = Pd$. Es wird angenommen, daß die durch die Schwankung hervorgerufene Energieerhöhung nur für eine sehr kurze Zeit (entsprechend dem hohen Wert der DEBYE Frequenz) wirksam ist, die klein ist gegenüber der Zeit, in der die Wand von einem Berg zum nächsten gelangt. Während der Bewegung von einem Berg zum nächsten steht die Wand also nur unter dem Einfluß des Feldes H. Über die Feldabhängigkeit der Geschwindigkeit auf der Strecke d zwischen zwei Bergen macht STACEY keine Angabe; es wird nur angenommen, daß die Zeit zum Durchlaufen der Strecke d klein ist gegenüber der Zeit, während der die Wand vor dem nächsten Berg auf eine erneute günstige Energieschwankung warten muß, die das Überschreiten des Berges ermöglicht. Unter diesen Voraussetzungen ist die mittlere Wandgeschwindigkeit

$$v = P\,d = C\,d \exp \frac{2MV}{kT}(H - H_o) \qquad \text{für } H < H_o \tag{31}$$

Die Gleichung zeigt in Übereinstimmung mit dem Experiment, daß die Wandgeschwindigkeit exponentiell mit der Feldstärke wächst und mit steigender Temperatur zunimmt. Weitere Vergleiche mit den später durchgeführten Experimenten siehe Abschnitt 10.

Da über die Geschwindigkeit der Wand auf der Strecke d nichts bekannt ist, kann die Formel nur gelten, solange die Laufzeit auf dieser Strecke vernachlässigt werden darf. Für große Geschwindigkeiten verliert die Formel ihre Gültigkeit. Insbesondere ist die Frage nach der Geschwindigkeit für $H = H_o$ sinnlos, da dann die Wandbewegung nicht mehr allein durch thermische Aktivierung bestimmt wird. Für $H = H_o$ ergäben sich aus Gl. 31 sehr hohe Geschwindigkeiten, bei denen die Wand auf der Strecke zwischen den Hindernissen durch verschiedene Dämpfungsmechanismen gebremst wird.

Charakteristisch für diese Theorie ist, daß die Wand vor jedem Berg im Mittel immer wieder die gleiche Zeit warten muß, bis die zur Überwindung des Berges erforderliche Energie durch thermische Aktivierung bereitgestellt wird. Diese Zeit ist unabhängig davon, wieviele Berge die Wand bereits überwunden hat. Daher ist die mittlere Wandgeschwindigkeit in der gesamten Schicht konstant. Ferner ist – im Gegensatz zu den Vorgängen im massiven Material – zu beachten, daß hier die *gesamte* Schicht durch thermische Aktivierung ummagnetisiert wird. Der nachwirkende Anteil der Magnetisierung beträgt also 100 % der Gesamtmagnetisierung.

5.5.2. Einbereichteilchen und Superparamagnetismus

Es werde ein Einbereichteilchen betrachtet, das eine uniachsiale Anisotropie (Kristall-, Spannungs-, Form- oder magnetfeldinduzierte Anisotropie) aufweist. Dann ist der richtungsabhängige Teil der Energie (vgl. 3.2.)

$$E = K\,V \sin^2 \varphi \tag{32}$$

K: Konstante der betreffenden Anisotropie; V: Teilchenvolumen; φ: Winkel der Magnetisierung gegen die Vorzugsrichtung

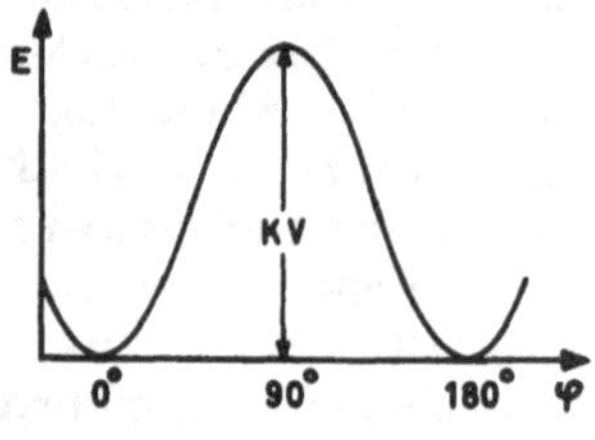

Abb. 25 Energie eines Einbereichteilchens mit uniachsialer Anisotropie als Funktion des Winkels zwischen der Magnetisierung und der Vorzugsrichtung

Die Winkelabhängigkeit der Energie ist in Abb. 25 dargestellt. Die Energieminima bei $\varphi = 0°$ und $180°$ sind durch eine Energiebarriere der Höhe K V getrennt. Wird in einem ansteigenden Feld der Wert der „Anisotropiefeldstärke"

$$H_K = 2\,K/M \tag{33}$$

(M: magnetisches Moment pro Volumeneinheit) überschritten, wird die Energiebarriere überwunden und das Teilchen geht durch kohärente Rotation der Magnetisierung in den neuen Gleichgewichtszustand über.

Somit ergibt sich folgender Unterschied zwischen der Wandverschiebung in dünnen Schichten (und massivem Material) und der Rotation des Magnetisierungsvektors in einem Einbereichteilchen: Im Falle der Wandverschiebung wird als „Potentialgebirge" die Energie der Wand als Funktion des Ortes dargestellt. Die Ummagnetisierung geschieht durch Ortsveränderung der Wand.

Im Falle des Einbereichteilchens wird die Energie als Funktion des Winkels der einheitlichen Magnetisierung gegen die leichte Richtung aufgetragen (Abb. 25). Die Ummagnetisierung erfolgt durch kohärente Rotation der Magnetisierung im gesamten Teilchen.

Formal kann die kohärente Rotation ebenso behandelt werden wie die Überwindung des Potentialberges durch eine Wand. *In beiden Fällen handelt es sich darum, daß das System einen energetisch günstigeren Zustand nur durch Überwindung einer Potentialbarriere erreichen kann.*

Nachwirkungserscheinungen können auftreten, wenn die Höhe der Energiebarriere K V vergleichbar ist mit der thermischen Energie kT. Dann kann das Teilchen die Schwelle mit Hilfe der thermischen Schwankungen auch in einem Feld $H < H_K$ überwinden.

Die Ummagnetisierung von Einbereichteilchen durch thermische Aktivierung ist bisher nicht an einzelnen Teilchen sondern nur an Teilchen-Kollektiven beobachtet worden. Diese entstehen unter anderem als Ausscheidungen ferromagnetischer Bestandteile aus nichtferromagnetischen Legierungen und beim Aufdampfen geringer Mengen ferromagnetischen Materials auf gekühlte Oberflächen infolge Inselbildung. Ferner entstehen solche Teilchenkollektive während der Erstarrung bestimmter Lava-Arten, woraus sich die Bedeutung der magnetischen Nachwirkung für die Geologie ergibt (siehe Néel [212]). Über die Nachwirkung der Teilchen in Tonbändern berichtet Tafel [213].

Wird ein Kollektiv von Einbereichteilchen bis zur Sättigung magnetisiert und danach das Feld ausgeschaltet, so besteht die Tendenz, zum Zustand des thermischen Gleichgewichts zurückzukehren, in dem die Remanenz verschwindet. Hierzu muß die Energiebarriere durch die thermische Energie überwunden werden. Der Abbau der Remanenz des Kollektivs erfolgt nach der Beziehung

$$M_t = M_s \exp(-t/\tau) \qquad (34)$$

M_t: Magnetisierung zur Zeit t nach dem Abschalten des Feldes; M_s: Sättigungsmagnetisierung des Kollektivs; τ: Relaxationszeit.

Die Relaxationszeit ist gegeben durch

$$1/\tau = f_o \exp(-KV/kT) \qquad (35)$$

f_o ist nach Néel [205] ein mit der Temperatur nur wenig veränderlicher Frequenzfaktor der Größenordnung 10^9 Hz (Larmorfrequenz des Magnetisierungsvektors im Anisotropiefeld des Teilchens). Andere Abschätzungen von Brown [210,214,215], Aharoni [216] und Stacey [217] führen auf die gleiche Größenordnung.

Aus dem hohen Wert von f_o ergibt sich nach Gl. 35, daß schon eine geringe Änderung des Teilchenvolumens V die Relaxationszeit τ äußerst stark beeinflußt.

Beispielsweise hat für eine Relaxationszeit von $\tau = 10$ s der Exponentialfaktor den Wert 10^{-10}. Wird das Teilchenvolumen um den Faktor 2 erhöht oder die Temperatur um den Faktor 2 erniedrigt, verringert sich der Exponentialfaktor auf 10^{-20}, so daß sich die Relaxationszeit um 10 Größenordnungen erhöht.

a) Für eine Relaxationszeit von rund 10^2 s ergibt sich KV = 25 kT. Die Teilchen, für die KV kleiner als 25 kT ist, kehren spätestens nach 100 s zum Zustand des thermischen Gleichgewichts mit verschwindender Remanenz zurück. Ein solches Teilchenkollektiv hat also, wenn die Messung länger als 100 s dauert, keine Remanenz und keine Koerzitivkraft, verhält sich also in dieser Hinsicht wie ein paramagnetischer Stoff. Der entscheidende Unterschied ist jedoch, daß die Einbereichteilchen hier als paramagnetische Riesenmoleküle wirken, deren magnetisches Moment etwa 10^5 mal größer ist als das paramagnetischer Atome. Daher kann – im Gegensatz zu paramagnetischen Stoffen – in Feldern der Größenordnung 10^3 A/cm und bei 300°K bereits Sättigung erreicht werden. Das Verhalten solcher Stoffe wird daher als Superparamagnetismus bezeichnet. *Der Superparamagnetismus stellt eine Übergangserscheinung zwischen dem Paramagnetismus und dem Ferromagnetismus dar.* Zusammenfassende Berichte wurden von JACOBS und BEAN [60] sowie KNELLER [218] gegeben.

b) Da das Teilchenvolumen im Exponenten der Gl. 35 steht, bewirkt eine kleine Änderung von V eine große Veränderung von τ. Nach JACOBS und BEAN beträgt für eine Eisenkugel mit einem Radius von 115 Å die Relaxationszeit bei Zimmertemperatur 10^{-1} s. Ein Kollektiv solcher Teilchen verhält sich also bei Messungen, die einige Sekunden dauern, paramagnetisch, da es im feldfreien Fall das thermische Gleichgewicht mit verschwindender Remanenz erreicht. Dagegen ergibt sich für Teilchen mit einem Radius von 150 Å eine Relaxationszeit von 10^9 s (30 Jahre). Im Laborversuch macht sich daher die thermische Aktivierung nicht bemerkbar. Die Remanenz ist gleich der Sättigung; die Teilchen verharren als echte Ferromagnetika im thermischen Nichtgleichgewicht.

Da auf diese Weise nach Gl. 35 die Remanenz eines gegebenen Teilchenkollektivs von der Temperatur abhängt, wird das Verhalten auch als „thermoremanente Magnetisierung" (TRM) bezeichnet. Die Erscheinung spielt bei der Erforschung des Gesteinsmagnetismus eine wichtige Rolle. Nach einem Vulkanausbruch nehmen die ferromagnetischen Teilchen in der Lava bei hoher Temperatur die Magnetisierungsrichtung an, die durch das Erdfeld vorgegeben ist. Nach der Abkühlung ist die Magnetisierungsrichtung „eingefroren", zeigt also auch nach langer Zeit die Richtung des ursprünglichen Erdfeldes an. Auf die bei der Deutung des Gesteinsmagnetismus entstehenden Fehlermöglichkeiten hat NÉEL [212] hingewiesen.

c) Die Remanenz und Koerzitivfeldstärke eines Teilchenkollektivs verschwinden (bei Messungen mit einer Zeitkonstante von 100 s), wenn für die Teilchen KV = 25 kT gilt. Nach JACOBS und BEAN [60] gilt für die Koerzitivfeldstärke

$$H_c = (2\,K/M)\;[1 - 5\,(kT/KV)^{1/2}] \qquad (36)$$

Die Formel enthält als Grenzfälle für $T = 0°K$ die Anisotropiefeldstärke des ferromagnetischen Materials ohne thermische Aktivierung (Gl. 33) und für die Grenztemperatur $T = KV/25k$ die Koerzitivfeldstärke $H_c = 0$. Oberhalb dieser Temperatur besteht reiner Superparamagnetismus.

d) Durch die Bedingung $KV = 25kT$ wird jedem Teilchen eine bestimmte Temperatur zugeordnet, unterhalb der (bei einer Meßzeit von 100 s) keine Ummagnetisierung durch thermische Aktivierung stattfindet. Die Magnetisierung ist „blockiert". Daher wird diese Temperatur als „Blockierungstemperatur" bezeichnet. Hierauf gründet sich ein magnetisches Verfahren zur Korngrößenbestimmung, die *magnetische Granulometrie*. Wird ein Kollektiv aus Teilchen verschiedener Größe abgekühlt, so unterschreiten mit sinkender Temperatur immer mehr Teilchen ihre Blockierungstemperatur, so daß sie durch thermische Aktivierung nicht mehr beeinflußt werden können. Remanenz und Koerzitivkraft des Kollektivs nehmen daher zu. Aus dem Temperaturverlauf dieser Größen kann auf die Größenverteilung der Teilchen geschlossen werden (vgl. MÜLLER [357].

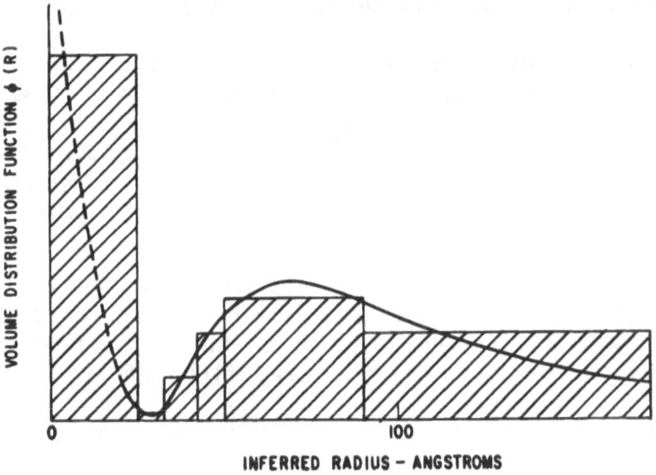

Abb. 26 Teilchengrößenspektrum von Raney-Nickel, bestimmt durch magnetische Granulometrie. Abszisse: Aus den magnetischen Messungen berechneter Kornradius (Å); Ordinate: Relative Häufigkeit der betreffenden Korngröße (nach WEIL [219])

Im allgemeinen stimmen die Ergebnisse dieser Methode gut mit den auf andere Weise erhaltenen Werten überein. Bei tiefen Temperaturen wurden jedoch interessante Abweichungen festgestellt. WEIL [219] untersuchte mit der genannten Methode das Teilchengrößenspektrum von Nickel und stellte fest, daß auch bei 4,2°K ein Viertel der Teilchen noch nicht ihre Blockierungstemperatur erreicht hatten, woraus sich die in Abb. 26 dargestellte Verteilungsfunktion ergibt.

Die Deutung dieses Ergebnisses mit dem unerwarteten Minimum der Größenverteilung bei ca. 30 Å ist umstritten. *Entweder* sind die Meßmethode und die ihr zugrundeliegende Vorstellung der thermischen Aktivierung korrekt, dann ist die

Ursache für die Entstehung des Größenspektrums unklar (vgl. die Diskussion zu [219]). *Oder* die Teilchen hatten ein Größenspektrum mit nur einem Maximum. Dann müßte die Ummagnetisierung der kleinen Teilchen nicht durch thermische Aktivierung, sondern durch einen anderen, bisher nicht berücksichtigten Mechanismus zustande gekommen sein. In diesem Zusammenhang äußern BEAN und JACOBS [60] sowie BEAN und LIVINGSTON [220] die Vermutung, die Ummagnetisierung könnte durch den quantenmechanischen Tunneleffekt (Durchgang durch die Energiebarriere in Abb. 25) erfolgt sein.

Ähnliche Diskrepanzen zur Theorie der thermischen Aktivierung ergeben sich aus Experimenten von KNELLER und LUBORSKY [221] über die Ummagnetisierung kleiner Teilchen bei tiefen Temperaturen. Deshalb zieht auch KNELLER [218] die Möglichkeit des quantenmechanischen Tunnelübergangs der Magnetisierung von einer Gleichgewichtslage in die andere in Erwägung. Theoretisch ist diese Möglichkeit noch nicht untersucht worden.

5.5.3. Schichten aus kleinen ferromagnetischen Teilchen

Nachwirkungsmessungen an sehr dünnen Nickelschichten, in denen infolge von Inselbildung feinkörnige Granulate entstehen, wurden von HELLENTHAL [222–225] durchgeführt. Die Schicht wird zunächst durch ein positives Feld gesättigt (in Abb. 27 durch $+\vartheta$ gekennzeichnet, da die Magnetisierung mit Hilfe des FARADAY-Effekts gemessen wurde) und dann ein Gegenfeld h angelegt. In diesem Gegenfeld magnetisieren die Schichten langsam bis zur negativen Sättigung um.

Hierbei handelt es sich um die räumlich unkorrelierte Ummagnetisierung einzelner Teilchen, die in verschiedenen Gebieten der Schicht unabhängig voneinander stattfindet, also nicht um ein räumlich geordnetes Vorrücken der Bereiche durch Wandbewegung wie bei OLMEN und MITCHELL [211] (Abschnitt 5.5.1.).

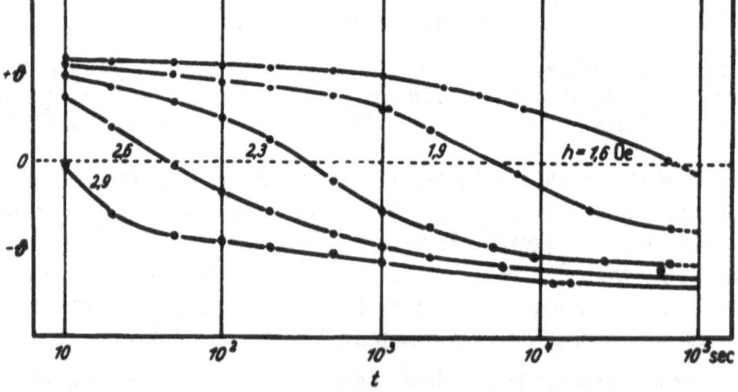

Abb. 27 Zeitlicher Verlauf der Ummagnetisierung bei verschiedenen Feldern h, gemessen an einer Nickelschicht mit einer Dicke von 90 Å. (nach HELLENTHAL [222])

Die Zeit t_o, nach der der pauschal entmagnetisierte Zustand erreicht wird, läßt sich nach Analysen von HELLENTHAL [222] und WOHLFARTH [226] darstellen als

$$t_o = \text{const} \exp \frac{VM}{kT} \left(\frac{H_K}{2} - h\right) \tag{37}$$

V: Volumen eines Teilchens; M: Magnetisierung; H_K: Anisotropiefeldstärke für die kohärente Rotation.

Aus den gemessenen Werten ergibt sich für das Volumen $V = 6{,}5 \cdot 10^{-16}\ \text{cm}^3$, entsprechend einem Kugelradius von 540 Å. Dieser Wert ist größer als die für eine Schichtdicke von 90 Å zu erwartende Kristallitgröße und wird daher von HELLENTHAL als die Größe der Gebiete interpretiert, in denen sich die Magnetisierung infolge der magnetischen Wechselwirkung der Kristallite in einheitlicher Weise verhält.

Wird der Reziprokwert von t_o in Gl. 37 als eine mittlere Geschwindigkeit der Ummagnetisierung betrachtet, so ist Gl. 37 ähnlich Gl. 31 für die thermisch aktivierte Wandbewegung. Dieser Zusammenhang wird in Abschnitt 5.6. und 9.2. gedeutet.

5.5.4. Massives Material

Wie in Abschnitt 5.2. dargestellt, tritt in allen ferromagnetischen Werkstoffen ein Verlustanteil auf, der von Frequenz und Temperatur nahezu unabhängig ist und nach seinem Entdecker als Jordansche Nachwirkung bezeichnet wird. Die Frequenzunabhängigkeit des Verlustwinkels bedeutet gemäß der formalen Theorie, daß der zugrundeliegende Verlustmechanismus durch eine sehr große Zeitkonstantenstreuung charakterisiert wird.

5.5.4.1. Eigenschaften der Nachwirkung

Wird die Feldstärke in einem Schaltversuch plötzlich sprunghaft geändert, so verläuft der nachwirkende Teil der Magnetisierung in einem weiten Zeitbereich gemäß einer empirisch gefundenen Gleichung proportional zum Logarithmus der Zeit.

$$M(t)_{H = \text{const}} = S_v\, \chi_{irr.} \ln t \tag{38}$$

Darin bedeuten S_v die „Nachwirkungskonstante" und χ_{irr} die irreversible Suszeptibilität des Materials.

Bei gegebenem Material ist also die Intensität der Nachwirkung proportional zu S_v. Da S_v die Dimension einer Feldstärke hat, interpretiert NÉEL [153] Gl. 38 durch die Annahme eines von thermischen Schwingungen hervorgerufenen inneren Schwankungsfeldes, dessen Erwartungswert proportional zum Logarithmus der Zeit zunimmt.

Die Formel ist an einer großen Zahl von Werkstoffen bestätigt worden. Sie gilt nicht für sehr kleine Zeiten, was praktisch ohne Bedeutung ist, da Nachwirkungsmessungen im Verlauf eines Schaltversuchs erst nach dem Abklingen der Wirbelströme begonnen werden können. Die Formel muß auch bei sehr langen Zeiten ihre Gültigkeit verlieren, da der nachwirkende Teil der Magnetisierung nicht beliebig groß werden kann. Experimentell wurde die Gültigkeit der Formel im Bereich von 10^{-3} bis 10^{3} s bestätigt (siehe z.B. YAMADA [227] und BARBIER [228]). Auch der logarithmische Zeitverlauf der Nachwirkung in einem Schaltversuch weist im Rahmen der formalen Theorie auf eine große Zeitkonstantenstreuung hin.

Bei Nachwirkungsmessungen an massivem Material liegt der nachwirkende Anteil der Magnetisierung in der Größenordnung von 1 % der Gesamtmagnetisierung – im Gegensatz zur Nachwirkung in dünnen Schichten, die im konstanten Feld vollständig ummagnetisieren.

Wegen der Zeitabhängigkeit der Magnetisierung hängt die Form der Hystereseschleife von der Frequenz des Feldes ab. Insbesondere wird die Koerzitivkraft mit abnehmender Feldfrequenz kleiner, da ein um so größerer Teil der Probe „von selbst" ummagnetisiert, je langsamer das Feld geändert wird. KUSSMANN und YAMADA [229] stellten fest, daß die Koerzitivfeldstärke massiver Alnico-Proben proportional zum Logarithmus der Meßzeit abnimmt und schlugen daher vor, die Meßzeit (bzw. Feldfrequenz) in die Definition der Koerzitivfeldstärke aufzunehmen. Bisher ist diese erweiterte Definition in den Normen noch nicht berücksichtigt worden, da die Änderung der Koerzitivfeldstärke innerhalb der Toleranzen industrieller Fertigung liegt.

Es ist bemerkenswert, daß Gl. 38 weder die Feldstärkewerte vor oder nach dem Sprung noch die Differenz dieser Werte enthält. Der nachwirkende Anteil der Magnetisierung ist unabhängig von der Größe der Feldänderung, sofern diese einen bestimmten Wert überschreitet.

5.5.4.2. Deutung der Nachwirkung

Die Theorien der Jordanschen Nachwirkung im massiven Material von STREET und WOOLLEY [206–208] sowie von NÉEL [152,153] sind unanschaulich und wenig übersichtlich (vgl. die Kritik von BROWN [210]). Statt die umfangreichen Rechnungen der Autoren zu referieren, werden hier die Ergebnisse aus den Grundannahmen in vereinfachter Weise abgeleitet und gegenübergestellt. Ferner sei auf Darstellungen von FELDTKELLER und SORGER [230], METZDORF [231], PFRENGER [232,233] und BITTEL [234,235] hingewiesen.

Sowohl die Theorie von STREET und WOOLLEY als auch die Theorie von NÉEL gehen davon aus, daß im konstanten Feld Bereiche ummagnetisieren können, wenn die zur Überwindung der Potentialberge erforderliche Energie durch thermische Schwankungen bereitgestellt wird. Ferner machen beide Theorien die vereinfachende, entscheidend wichtige Annahme, daß die Höhen der Potentialberge gleichmäßig verteilt sind, so daß alle zur Überwindung der Berge erforderlichen *Energiefehlbeträge gleich häufig vorkommen.* Dies ist der entscheidende Unterschied zu den Theorien der thermischen Aktivierung in dünnen Schichten und kleinen Teilchen (5.5.1. bis 5.5.3.), in denen alle Energiebarrieren als gleich hoch angenommen wurden, so daß in einem gegebenen Feld nur *ein* Energiefehlbetrag vorkommt.

Die Relaxationszeit (Erwartungszeit) τ, die vergeht, bis die erforderliche Energieerhöhung durch thermische Schwankungen zustande kommt, ist nach der BOLTZMANN Statistik

$$\tau = C \exp (E/kT) \tag{39}$$

Da voraussetzungsgemäß die Energiewerte, also die Exponenten in Gl. 39, gleich verteilt sind, sind demzufolge die Logarithmen der Relaxationszeiten ebenfalls gleichmäßig verteilt. Damit läßt sich das Problem auf die in Abschnitt 5.1. behandelte formale Nachwirkungstheorie zurückführen. Es entspricht völlig dem Verhalten der Kette von RC Gliedern, bei der für die Logarithmen der Zeitkonstanten eine Rechteckverteilung angenommen wurde (Abb. 13).

In den Theorien der magnetischen Nachwirkung des massiven Materials wird stets angenommen, daß die Messung erst beginnt, nachdem die Bereiche mit kleinen Zeitkonstanten bereits ummagnetisiert sind, und daß die Messung beendet ist, bevor die Bereiche mit sehr großen Zeitkonstanten ummagnetisieren. Die Meßzeit liegt also immer zwischen der kleinsten und der größten Relaxationszeit. Daraus folgt, wie in Abschnitt 5.1. am Beispiel der RC Kette dargestellt, unmittelbar die logarithmische Zeitabhängigkeit im Schaltversuch und die Frequenzunabhängigkeit des Verlustwinkels.

Zur anschaulichen Interpretation dieser Überlegung ist in Abb. 28 das schematisierte Potentialgebirge eines massiven Materials angenommen. Die Einhüllende ergibt die gedrehte und gespiegelte Hystereseschleife (vgl. Abb. 8). Der Gradient der Wandenergie dE/dx ist proportional zu dem Feld, in dem der betreffende Berg überschritten wird (Gl. 13 sowie Abb. 7 und 8). Die Form der Hysterese mit einem großen Feldstärkeintervall der Ummagnetisierung ist typisch für massives Material (vgl. Abb. 11).

Es werde mit STREET und WOOLLEY angenommen, daß die zur Überschreitung einer Potentialbarriere durch thermische Aktivierung erforderliche Energie proportional zu dem Feld ist, in dem diese Barriere ohne thermische Aktivierung überwunden werden würde. Dann entspricht das gezeichnete Potentialgebirge einer Gleichverteilung der Energien und damit einer Gleichverteilung der Logarithmen der Zeitkonstanten. Beispielsweise bewirke die Energieerhöhung je Stufe eine Verlängerung der Relaxationszeit um den Faktor 10.

Wird ein Feld H_A angelegt, so gelangt die Wand sofort bis zum Punkt A. Infolge der thermischen Aktivierung möge sie den Berg 1 nach 0,1 s überwinden, den Berg 2 nach 1 s, den Berg 3 nach 10 s usw. Wenn die Messung den Zeitraum

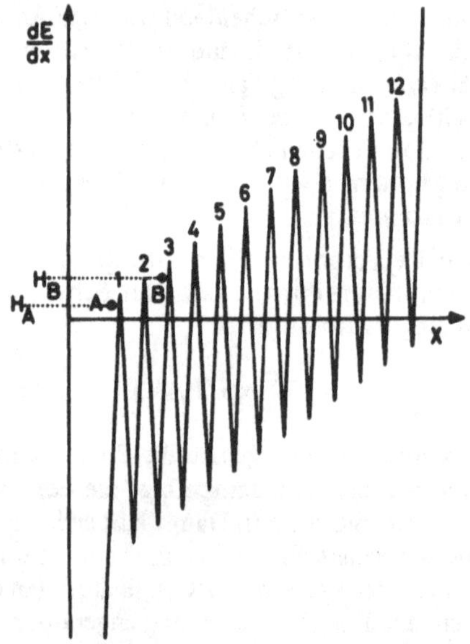

Abb. 28 Veranschaulichung der Nachwirkung im massiven Material durch das Potentialmodell der Wandbewegung

von 1 bis 1000 s nach dem Einschalten des Feldes erfaßt, wird eine Nachwirkung gemessen, die dem Überschreiten der Berge 2–5 entspricht. Die Magnetisierung ändert sich nach diesem Modell – übereinstimmend mit der Erfahrung – proportional zum Logarithmus der Zeit.

Wird ein größeres Feld H_B angelegt, so gelangt die Wand sofort bis B und die Nachwirkung erfaßt die Berge 4–7, ist also genauso groß wie im vorigen Fall. Das Modell erklärt somit auch den experimentellen Befund, daß die Intensität der Nachwirkung unabhängig von der Feldstärke ist.

Wird die Temperatur geändert, so ändern sich nach Gl. 39 die Relaxationszeiten. Die Änderung der Relaxationszeiten hat, wie in Abschnitt 5.1. ausgeführt, keinen Einfluß auf das Zeitverhalten des Systems, da voraussetzungsgemäß die Meßzeit zwischen der kleinsten und der größten Relaxationszeit liegt. (Der geringe Einfluß auf die Intensität der Nachwirkung wird später behandelt). *Die von beiden Theorien berechnete logarithmische Zeitabhängigkeit der Nachwirkung im Schaltversuch sowie die geringe Frequenz- und Temperaturabhängigkeit des Verlustwinkels folgen allein aus der Annahme, daß die Höhen der Energiebarrieren gleichmäßig verteilt sind.*

Dieses Ergebnis ist unabhängig davon, ob nach NÉEL die Existenz eines „thermischen Schwankungsfeldes" oder nach STREET und WOOLLEY die „thermische Aktivierung metastabiler Bereiche" als entscheidend für den Nachwirkungsvorgang angesehen werden.

Eine Temperaturänderung hat zwar keinen Einfluß auf den zeitlichen Ablauf, wohl aber auf die *Intensität der Nachwirkung*. Das folgt anschaulich daraus, daß die Nachwirkung für $T \neq 0$ vorhanden ist, für $T = 0°K$ jedoch verschwinden soll.

Nach Gl. 39 ist bei einer gegebenen Relaxationszeit die Energie E proportional zur Temperatur T. Wird ein Experiment bei einer Temperatur T_1 durchgeführt, so laufen innerhalb der Meßzeit t_A bis t_E die Prozesse ab, deren Aktivierungsenergie durch E_A bis E_E gegeben ist. Wird die Temperatur verdoppelt ($T_2 = 2\,T_1$), so finden in gleicher Zeit die Prozesse mit doppelter Aktivierungsenergie $2\,E_A$ bis $2\,E_E$ statt. Die Prozesse mit geringerer Aktivierungsenergie sind dann bereits vor Beginn der Messung abgelaufen, werden also nicht mehr erfaßt. Mit steigender Temperatur finden somit innerhalb der Meßzeit immer energiereichere Vorgänge statt, so daß größere Volumina ummagnetisiert werden können. Auch diese Tatsache läßt sich durch Abb. 28 veranschaulichen.

Ist die Wand im Feld H_A bis A gelangt, so überschreitet sie bei einer gegenüber dem vorigen Fall verdoppelten Temperatur bereits nach 0,1 s die Berge 1 und 2, nach 1 s die Berge 3 und 4 usw. Insgesamt entsteht so eine Nachwirkung, deren Intensität gegenüber dem vorigen Fall verdoppelt ist, da innerhalb der Meßzeit von 1 bis 1000 s die Berge 3–10 überschritten werden.

Die Theorien von NÉEL sowie von STREET und WOOLLEY unterscheiden sich dadurch, wie Energie- und Feldwerte einander zugeordnet werden.

STREET und WOOLLEY setzen die Energie E gleich der Energie, die das Aktivierungsvolumen in dem zur Auslösung des Sprunges erforderlichen Feld hat.

$$E = V_A\, M\, S_v \tag{40}$$

V_A: Aktivierungsvolumen; M: Magnetisierung; S_v: Zur Auslösung eines Sprunges erforderliche Felderhöhung.

Andererseits ist nach Gl. 39 für eine gegebene Relaxationszeit die Energie proportional zur Temperatur, also ergibt sich in der Theorie von STREET und WOOLLEY

$$S_v \sim T/V_A \tag{41}$$

NÉEL setzt die Energie gleich der magnetischen Feldenergie des Volumens, das durch einen BARKHAUSEN-Sprung ummagnetisiert wird.

$$E = \frac{1}{2}\,\mu_o\, V_B\, S_V^2 \tag{42}$$

Also führt die Theorie von NÉEL zu

$$S_v \sim (T/V_B)^{1/2} \tag{43}$$

Die gleiche Temperaturabhängigkeit leitet BITTEL [234,235] aus thermodynamischen Überlegungen ab.

Der Unterschied der Theorien liegt nicht nur in den verschiedenen Temperaturabhängigkeiten gemäß Gl. 41 und 43; er liegt vor allem in den verschiedenen Interpretationen des „Aktivierungsvolumens“, also des Volumens, in dem durch die Richtungsschwankungen der atomaren Momente eine genügend große Abweichung vom thermischen Gleichgewicht erfolgt.

5.5.5. Das Aktivierungsvolumen

NÉEL berechnet das Schwankungsfeld unter der Annahme, daß das Aktivierungsvolumen gleich dem mittleren Volumen V_B der BARKHAUSEN-Sprünge sei. Diese Auffassung wird von BRISSONNEAU [315], BARBIER [228], FELDTKELLER und SORGER [230], METZDORF [231], BITTEL [235] und STOLL [169,236] übernommen.

Dagegen betrachten STREET und WOOLLEY als Aktivierungsvolumen V_A das Volumen, „das die Wand vor einem Sprung infolge der thermischen Aktivierung reversibel überstreicht“. Dieser Auffassung schließen sich STIERSTADT und PFRENGER [232,233,237,238] sowie CRAIK und WOOD [239,240] an. Sie kritisieren an der Néelschen Auffassung, daß das Volumen des BARKHAUSEN-Sprunges erst nach dem Sprung definiert ist, also nicht die Auslösung des Sprunges bewirkt haben könne. Es entsteht also die Frage, woher die Wand „weiß“, wie weit sie springen kann.

Andererseits läßt sich gegen die Auffassung von STREET und WOOLLEY einwenden, daß die reversible Bewegung einer Wand unter dem Einfluß thermischer Schwankungen bisher noch nie beobachtet werden konnte. Einleuchtend erscheint vielleicht die Kompromißannahme von PFRENGER [232,233], daß Aktivierungsvolumen und Sprungvolumen zwar verschieden sind (Aktivierungsvolumen meist kleiner als das Sprungvolumen), aber eine ähnliche Temperaturabhängigkeit aufweisen.

Bisherige Messungen der Temperaturabhängigkeit von S_v

Material	Temperatur °K	S_v	Autor
Stahl	193–368	~ T	COURVOISIER [241]
Alnico	86–523	~ T	STREET, WOOLLEY [206]
Pt–Co	290–680	starker Anstieg mit *sinkender* Temperatur	PHILLIPS, WOOLLEY, STREET [316]
Ni_3Au	290–560	linearer Anstieg mit T von 290 bis 450°K, Maximum bei 450°K, darüber starker Abfall	PHILLIPS, WOOLLEY, STREET [316]

Material	Temperatur °K	S_v	Autor
Alnico	20–400	$\sim T^{3/4}$	BARBIER [317]
hartes Nickel	80–470	unabhängig von T	PFRENGER [232] STIERSTADT, PFRENGER [237]
weiches Nickel	80–300	starker Anstieg mit *sinkender* Temperatur	PFRENGER [232] STIERSTADT, PFRENGER [237]

Die experimentelle Untersuchung der Nachwirkungsvorgänge im massiven Material hat bisher keine Entscheidung zwischen den beiden Theorien ermöglicht. Die in der vorstehenden Tabelle zusammengestellten Ergebnisse zeigen, daß keine der beiden Theorien alle Resultate richtig beschreibt, sondern daß die Temperaturabhängigkeit der Nachwirkungskonstante S_v für jedes Material verschieden ist.

Daher ist bisher keine experimentelle Entscheidung zwischen den Theorien von NÉEL ($S_v \sim T^{1/2}$) sowie STREET und WOOLLEY ($S_v \sim T$) möglich. Die Diskrepanz zwischen den Experimenten und den Theorien zeigt sich insbesondere darin, daß – im Gegensatz zu beiden Theorien – teilweise sogar ein gegenläufiges Verhalten von S_v und T beobachtet wurde.

PFRENGER [232,233] berechnete das Aktivierungsvolumen für ein sehr spezielles Modell der Ummagnetisierung von massivem Nickel. Danach hängt das Aktivierungsvolumen in sehr komplizierter Weise vom Potentialverlauf, der Wanddicke und der Koerzitivfeldstärke ab. Mit sinkender Temperatur kann die Zunahme der Kristallenergie und damit die Abnahme der Wanddicke (bgl. 3.2.2.) dafür sorgen, daß das Aktivierungsvolumen stärker als die Temperatur abnimmt, so daß nach Gl. 41 bzw. 43 die Größe S_v mit sinkender Temperatur steigt. Eine quantitative Berechnung ist bisher wegen der ungenauen Kenntnis der Wandverschiebungsvorgänge im massiven Material nicht möglich. Dagegen ist die theoretische Behandlung offenbar erfolgreicher, wenn die Ummagnetisierung durch die kohärente Rotation der Magnetisierung in den Einbereichteilchen eines hartmagnetischen Werkstoffs wie Alnico erfolgt, da hier die Sprungvolumina durch die Teilchengrößen vorgegeben sind.

5.6. Nachwirkung und Potentialmodell

Das in Abschnitt 4.2. dargestellte Potentialmodell gilt entsprechend seiner Herleitung zunächst nur für die Wandbewegung unter der Einwirkung eines äußeren Feldes. In Abschnitt 5.3.1. (Abb. 17) wurde das Modell durch Berücksichtigung der Richterschen Nachwirkung erweitert, die eine Erhöhung der dE/dx Berge durch Stabilisierung zur Folge hat.

Eine Einbeziehung der thermisch aktivierten Wandbewegung in das Modell ist nur bedingt möglich, da der Wandbewegung durch ein äußeres Feld ein völlig anderer Mechanismus zu Grunde liegt als der Wandbewegung durch innere Schwankungen. Daher verwenden beide Theorien Modellvorstellungen aus verschiedenen Gebieten der Physik: Die Wandbewegung durch ein äußeres Feld entspricht der Fahrt eines Wagens auf einer gebirgigen Straße (Punktmechanik); die thermische Aktivierung durch innere Schwankungen ist analog zur Brownschen Molekularbewegung (Thermodynamik, Statistik).

Diese Verschiedenheit kommt in den entscheidenden Formeln zum Ausdruck.

a) Wird die Wand durch ein äußeres Feld bewegt, so ist nach Gl. 13 die erforderliche *Feldstärke proportional zum Gradienten der Wandenergie.* Dagegen ist die Feldstärke unabhängig von der Länge des bewegten Wandabschnittes.

b) Erfolgt die Wandbewegung durch thermische Aktivierung, so nimmt nach Gl. 30 die Wahrscheinlichkeit, daß die Wand das Hindernis durch thermische Schwankungen überwindet, exponentiell mit dem Aktivierungsvolumen ab. Die Beweglichkeit hängt also sehr stark von dem Aktivierungsvolumen ab, in dem die Energieschwankung erfolgt. Die Bewegung erfolgt umso leichter, je kürzer der zu einer Zeit bewegte Wandabschnitt ist*.

STACEY leitete Gl. 30 rein thermodynamisch ab und nahm die *Energie des aktivierten Wandabschnittes proportional zum Feld* an. Diese Vorstellung hat zunächst keinen Zusammenhang mit Gl. 13, nach der die Wandbewegungsfeldstärke dem Gradienten der Energie proportional ist.

Für die Wandbewegung durch thermische Aktivierung kommt es auf die Aktivierung eines Volumens an, in dem die Energieschwankung durch die zufällige, gleichgerichtete Bewegung der atomaren Momente erfolgt. Die Wahrscheinlichkeit für das Auftreten einer bestimmten Abweichung vom Mittelwert des thermischen Gleichgewichts ist um so größer, je kleiner das betrachtete Volumen ist. Daher nimmt die Wandgeschwindigkeit mit sinkender Größe des Aktivierungsvolumens stark zu.

Die Theorie von STACEY ist also in erster Linie keine Theorie der Wandbewegung, sondern eine Berechnung der Wahrscheinlichkeit für die Energieschwankung in einem Volumen; in dieser Theorie ist daher die Modifizierung des Potentialgebirges durch die Energieschwankung in einem Aktivierungsvolumen als das primäre Ereignis anzusehen, das die Wandbewegung als Folgeerscheinung ermöglicht. Daher ist auch die von STACEY angegebene Formel für die Wandbewegung (Gl. 31) analog zu Gl. 37, die für die thermisch aktivierte Rotation von isolierten Einbereichteilchen gilt.

* Diese Überlegung ist in Einklang mit der hier licht- und elektronenoptisch festgestellten Tatsache, daß BARKHAUSEN-Sprünge unter dem Einfluß eines äußeren Feldes meist durch Sprünge langer Wandabschnitte erfolgen, während die Ummagnetisierung im konstanten Feld durch thermische Aktivierung bevorzugt als Bewegung kurzer Wandabschnitte stattfindet [243].

Ein Zusammenhang zwischen den Vorstellungen über die Wandbewegung durch ein äußeres und ein inneres Feld ist nur gegeben, wenn eine homogene Schicht mit einer Folge äquidistanter Potentialberge gleicher Höhe und gleicher Form vorliegt und außerdem noch angenommen wird, daß die Länge der unabhängig bewegten Wandabschnitte konstant ist. Dann ist z.B. bei dreiecksförmigen Potentialbergen der Anstieg eines Berges proportional zu seiner Höhe, also die Wandbewegungsfeldstärke an der Flanke des Berges proportional zur Energie, die der Wandabschnitt auf dem Gipfel des Berges hat. Nur dann ist die Darstellung beider Wandbewegungsmechanismen in einem gemeinsamen Modell sinnvoll. Im allgemeinen kann jedoch das Potentialmodell hinsichtlich der thermisch aktivierten Wandbewegung nur zur qualitativen Veranschaulichung dienen. Das gleiche gilt sinngemäß für die thermisch aktivierte Wandbewegung im massiven Material. Durch Diffusionsnachwirkung wird die Wand auf ihrer ganzen Länge stabilisiert, so daß die unabhängige Bewegung einzelner kurzer Wandabschnitte erschwert ist. Es ist plausibel anzunehmen, daß durch diese Blockierung das Aktivierungsvolumen erhöht wird. Da das Aktivierungsvolumen im Exponenten der Gl. 31 auftritt, wird die thermisch aktivierte Wandbewegung durch Diffusionsnachwirkung besonders stark behindert.

5.7. Desakkomodation durch Wandkriechen*

Während die Desakkomodation im allgemeinen auf Richtersche Nachwirkung zurückgeführt wird (vgl. 5.3.1.), schlug RIEGER [244] für die beobachtete zeitliche Abnahme der Suszeptibilität an massivem, neutronenbestrahltem Nickel eine andere Deutung vor, die direkt weder der Richterschen noch der Jordanschen Nachwirkung zuzuordnen ist:

Unmittelbar nach der Wechselfeldabmagnetisierung soll sich eine Blochwand noch nicht in der energetisch günstigsten Lage befinden, sondern gekrümmt zwischen den (durch Bestrahlung hervorgerufenen) Wandbewegungshindernissen hängen. Die Krümmung einer Wand stellt wegen des damit verbundenen Streufeldes einen energetisch ungünstigen Zustand dar. Dies entspricht einer rücktreibenden Kraft, die, unterstützt durch die Ummagnetisierungsarbeit des Meßfeldes und die thermische Bewegung, zu einem allmählichen Übergang der Wand in günstige Lagen führen soll. Die Wand glättet sich, indem sich die am stärksten gekrümmten Teile der Wand in Form von kleinen BARKHAUSEN-Sprüngen von den Haftstellen lösen. Die Wand erreicht so einen Zustand minimaler Energie, so daß ihre Beweglichkeit und damit ihre Auslenkung bei gegebenem Feld (Suszeptibilität) im Lauf der Zeit abnimmt.

Das Auftreten von Stabilisierungserscheinungen durch derartige Wand-Umlagerungen wird gegenwärtig am hiesigen Institut elektronenmikroskopisch untersucht [243].

* Dieser als Wandkriechen bezeichnete Vorgang im massiven Material ist nicht zu verwechseln mit dem in Abschnitt 11 beschriebenen Wandkriechen in dünnen Schichten, das durch die gleichzeitige Einwirkung von Gleich- und Wechselfeldern zustande kommt.

5.8. Zusammenfassung des Abschnitts 5

1. Jordansche und Richtersche Nachwirkung werden durch die Wirkung verschiedener Mechanismen charakterisiert. Jordansche Nachwirkung = Beeinflussung der Magnetisierung durch Schwankungserscheinungen; Richtersche Nachwirkung = Beeinflussung der Magnetisierung durch Wechselwirkung mit den atomaren Gitterbausteinen und -fehlern. Die in der Literatur vielfach gebrauchte Unterscheidung: Jordansche Nachwirkung = temperatur*un*abhängig; Richtersche Nachwirkung = temperaturabhängig – gibt keine Auskunft über den eigentlichen Mechanismus, sondern nur über die Zeitkonstantenstreuung.

Grundsätzlich sind alle Nachwirkungsvorgänge stark temperaturabhängig, da ihre Zeitkonstanten durch eine Aktivierungsenergie bestimmt werden. Die geringe Temperaturabhängigkeit der Jordanschen Nachwirkung im massiven Material ist keine Eigenschaft des Mechanismus an sich (und ist daher zu seiner Charakterisierung ungeeignet), sondern beruht auf der starken Zeitkonstantenstreuung, die durch die große Inhomogenität des massiven Materials bedingt ist. Die Inhomogenität des Materials verschleiert die starke Temperaturabhängigkeit der zu Grunde liegenden Elementarprozesse. In dünnen Schichten und kleinen Teilchen, die weitgehend homogen sind, ist die Jordansche Nachwirkung stark temperaturabhängig.

2. Bei der Jordanschen Nachwirkung sind Feld- und Temperaturabhängigkeit miteinander verbunden. Entweder ist (wie beim massiven Material) die Feldabhängigkeit gering, dann ist auch die Temperaturabhängigkeit gering, oder die Feldabhängigkeit ist stark (dünne Schichten und kleine Teilchen), dann hängt die Nachwirkung auch stark von der Feldstärke ab. (Ein einheitliches Modell dieser Vorgänge wird in Abschnitt 9 gegeben).

3. Die Richtersche Nachwirkung hängt entscheidend von der Symmetrie des Kristallgitters und der Gitterfehler ab. Insbesondere können aus diesem Grunde einfache Fehlstellen in kubisch flächenzentrierten Kristallen (z.B. Nickel) keine Richtersche Nachwirkung hervorrufen.

6. Magnetische Wände und mechanische Versetzungen

6.1. Versetzungen

Wird ein Material einer mechanischen Schubspannung unterworfen, so tritt für kleine Spannungen eine elastische Dehnung auf, die nach der Entlastung wieder zurückgeht. Oberhalb einer bestimmten kritischen Schubspannung τ_0 ergibt sich jedoch eine plastische Dehnung, die auch nach der Entlastung bestehen bleibt. Erfahrungsgemäß liegt die kritische Schubspannung für reine Metallkristalle in der Größenordnung von 10^6 N m^{-2}.

Andererseits läßt sich die theoretische Schubspannung τ_{th} berechnen, die erforderlich wäre, um zwei Gitterebenen eines idealen Kristalls durch gleichzeitiges Anheben aller Atome zweier benachbarter Netzebenen gegeneinander zu verschieben. Die Rechnung ergibt rund 10 % des Schubmoduls, d.h. eine Größenordnung von 10^9 N m^{-2}. Der berechnete Wert liegt also drei Größenordnungen höher als der beobachtete. Es entsteht daher die Frage, warum ein Festkörper tatsächlich schon durch wesentlich geringere Schubspannungen als τ_{th} bleibend verformt werden kann.

Zur Erklärung der plastischen Verformung durch geringe Spannungen wird die Modellvorstellung des Idealkristalls durch die Annahme von *Versetzungen* erweitert. Zusammenfassende Darstellungen dieses Gebietes wurden von Mott [245], Kittel [246], Seeger [247–249] und Kochendörfer [250] gegeben.

Danach lassen sich zwei Wege für die Verformung eines Kristalls unterscheiden (Abb. 29). Die Verformung kann durch kohärentes (homogenes) Gleiten (Weg a-b-c) erfolgen, indem *alle Atome gleichzeitig* gegeneinander verschoben werden. Dieser Vorgang ist mit hohem Energieaufwand verbunden und führt daher zu einer hohen Schubspannung. Die Deformation ist dagegen leichter zu erreichen, wenn jeweils nur *ein Atom* in eine energetisch ungünstige Lage gebracht wird (Weg a-d-c). Auf diese Weise endet eine Netzebene im Kristall; ihr Endpunkt (die Versetzung) verschiebt sich im Kristall, bis die Deformation abgeschlossen ist. Die Bewegung der Versetzung erfolgt so leicht, weil die Atome, die die Bewegung ausführen, von einigen Nachbarn abstoßende, von anderen anziehende Kräfte erfahren. Die Bewegung der Versetzung führt daher zu den beobachteten niedrigen Werten der kritischen Schubspannung.

Mott [245] gab einen anschaulichen Vergleich: Man kann einen Teppich mit großer Kraft als Ganzes über den Boden ziehen, man kann ihn aber auch leicht bewegen, indem man an einem Ende eine Falte bildet und diese bis zum anderen Ende treibt.

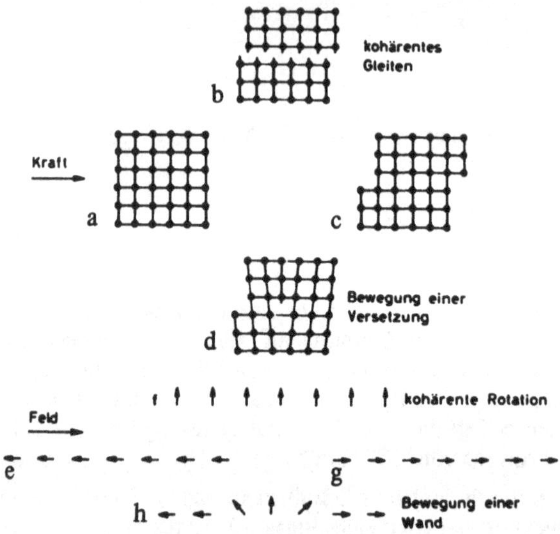

Abb. 29 Vergleich zwischen der plastischen Deformation eines Festkörpers durch kohärentes Gleiten (Weg a-b-c) und durch die Bewegung einer Versetzung (Weg a-d-c) sowie der Ummagnetisierung eines Ferromagnetikums durch kohärente Rotation (Weg e-f-g) und durch die Bewegung einer Wand (Weg e-h-g)

Daß die plastische Deformation tatsächlich durch die Bewegung von Versetzungen erfolgt, ist durch zahlreiche licht- und elektronenmikroskopische Beobachtungen bewiesen. Außerdem ist es gelungen, die hohen theoretisch berechneten Schubspannungen zu erreichen, wenn die Entstehung oder die Bewegung von Versetzungen unterbunden wird. Dies gelang zuerst dadurch, daß die Bildung von Versetzungen an der Oberfläche von NaCl Kristallen durch Bespülen mit Wasser verringert wurde (JOFFÉ-Effekt [251]). Ferner ist es möglich, Einkristallfäden zu züchten, die keine Versetzungen enthalten. HERRING und GALT [252] beobachteten an Zinn Whiskern elastisches Verhalten noch bis zu Schubspannungen, die 1000 mal größer waren als bei massivem Zinn.

In Abb. 29 sind zwei Möglichkeiten für die Ummagnetisierung eines Bereichs gegenübergestellt. Der Weg e-f-g verläuft über die kohärente Rotation, also die gleichzeitige Drehung aller Elementarmagnete, der Weg e-h-g über die Verschiebung einer Wand, so daß jeweils nur ein Elementarmagnet in eine energetisch ungünstige Lage gebracht zu werden braucht. Daher ist die Kerzitivfeldstärke für die Ummagnetisierung durch Wandverschiebung niedrig (größenordnungsmäßig 1 A cm^{-1}), während für die kohärente Rotation die Anisotropiefeldstärke (Gl. 33) maßgebend ist, die Werte über 1000 A cm^{-1} erreichen kann. Deshalb werden Einbereichteilchen, in denen Wandverschiebung nicht möglich ist, zur Herstellung von Permanentmagneten verwendet [42].

Zwischen den mechanischen Versetzungen und den magnetischen Wänden besteht nicht nur die äußerliche Ähnlichkeit, die in Abb. 29 zum Ausdruck kommt, sondern eine weitgehende Analogie bis in atomare Dimensionen. *Nach Ansicht des Verfassers ist der Wert dieser Analogie als Hilfe der didaktischen Darstellung und als Wegweiser für die Planung von Experimenten bisher nicht voll erkannt und ausgenutzt worden. Dies gilt insbesondere für die Effekte, die durch Diffusionsnachwirkung beeinflußt werden.* Die folgenden Abschnitte sollen dazu dienen, die Kenntnisse über Wände und Versetzungen, die in der Literatur bisher meist isoliert behandelt wurden, in einem Überblick zusammenzufassen.

6.2. Versetzungen und Diffusionsnachwirkung

Nach Abb. 29 tritt oberhalb einer Versetzung eine Zusammenpressung, unterhalb eine Dehnung des Kristallgitters auf. Versetzungen erzeugen daher ein Eigenspannungsfeld, das mit dem einer Wand in Wechselwirkung treten kann (siehe KRONMÜLLER [4,318], KERSTEN [253] und TRÄUBLE [319]).

Infolge der Deformation des Gitters lagern sich Fremdatome bevorzugt in der Nähe der Versetzung an. Kleine Fremdatome diffundieren auf die Seite der Versetzung, die das Gitter zusammenpreßt, große auf die Seite, die das Gitter dehnt. So umgibt sich eine Versetzung mit einer „Atmosphäre“ von Fremdatomen (COTTRELL-Wolke) [254,255], die auf die Beweglichkeit der Versetzung und damit auf die Festigkeit des Materials entscheidenden Einfluß ausübt.

Bewegt sich eine Versetzung langsam, so vermag die Wolke der Versetzung nur zögernd zu folgen und wird daher verzerrt, wodurch eine viskose Reibungskraft ausgeübt wird. Die Geschwindigkeit der Versetzung ist daher proportional zur Schubspannung. Wird eine bestimmte Schubspannung und damit ein Grenzwert der Versetzungsgeschwindigkeit überschritten, so vermag die Wolke der Versetzung immer weniger zu folgen; die Reibung nimmt ab, wodurch die Versetzung noch schneller wird und so fort. Die Bewegung wird instabil, was zu einer sprunghaften Bewegung der Versetzung und damit der Dehnung des Materials führt. Diese Erscheinung ist analog zur „dynamischen Rechteckigkeit“ (5.4.1.), die von JANAK (offenbar ohne Kenntnis dieses Effektes) für die Ummagnetisierung einiger Granate berechnet wurde.

Während der Dehnung eines Materials bewegen sich die Versetzungen. Wird der Dehnungsversuch unterbrochen, bleiben die Versetzungen an einem Ort der Probe liegen, so daß die Fremdatome an die Versetzung diffundieren können. Nach einer bestimmten – von der Temperatur abhängigen – Zeit sind dann die Versetzungen durch die Fremdatome „verankert“. Wird nach dieser Pause der Dehnungsversuch fortgesetzt, so ist eine höhere Schubspannung als vor der Pause erforderlich, um die Deformation wieder in Gang zu bringen. Dieser Vorgang wird als „Reckalterung“ (strain aging) bezeichnet [256–263]. Er stellt nach Ansicht des Verfassers das mechanische Analogon zur magnetischen Wandstabilisierung (5.3.1.) und zu dem hier erstmals in dünnen Schichten beobachteten „Warteeffekt“ (8.1.4.) dar.

6.3. Der Portevin-Le Chatelier-Effekt

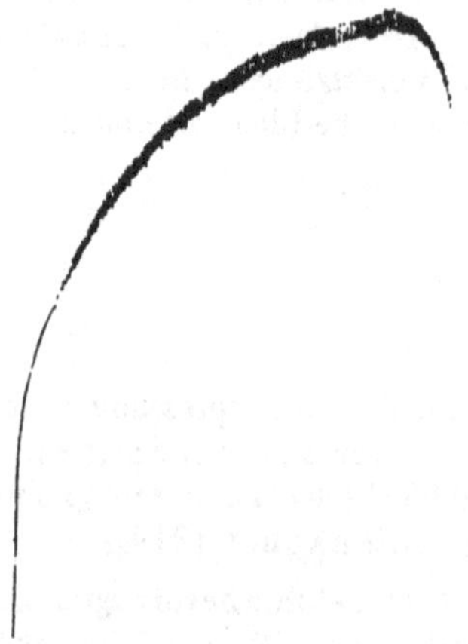

Abb. 30 Dehnung eines zylindrischen Stabes (Durchmesser 13,8 mm) einer Al-Cu-Mn Legierung. Ordinate: Spannung; Abszisse: Dehnung (nach PORTEVIN und LE CHATELIER [264])

Einige Legierungen zeigen in einem bestimmten Temperaturbereich einen besonders ausgeprägten sprunghaften Verlauf der Spannungs-Dehnungs Kurve, der nach seinen Entdeckern als PORTEVIN-LE CHATELIER-Effekt bezeichnet wird (Abb. 30). Die Oszillationen können bis zu 5 % der Gesamtspannung betragen.

Die von COTTRELL [265] gegebene Erklärung stützt sich auf die Erscheinung der Diffusionsnachwirkung: Einzelne Versetzungen mögen durch Bewegungshindernisse aufgehalten werden, bleiben also während des Dehnungsversuches eine Zeitlang stehen.

Während dieser Zeit haben die Fremdatome Gelegenheit, in die Versetzungen zu diffundieren und sie auf diese Weise zu „verankern“. Daher muß die Spannung weiter erhöht werden, um die Versetzung von dem durch die Diffusion verstärkten Bewegungshindernis zu lösen. Nach Erreichen dieser erhöhten Spannung bewegt sich die Versetzung sprunghaft bis zum nächsthöheren Hindernis. Hieraus resultiert makroskopisch der sprunghafte Verlauf der Spannungs-Dehnungs Kurve; mikroskopisch läßt sich an der Oberfläche der Probe direkt die sprunghafte Bewegung der LÜDERS-Band Fronten (Grenze zwischen den gedehnten und nichtgedehnten Gebieten der Probe) erkennen. Außerdem wird durch die sprunghafte Dehnung der Probe ein Geräusch verursacht.

Unterhalb einer bestimmten Temperatur verschwindet der Effekt; die Dehnung wird wieder eine kontinuierliche Funktion der Spannung (Abb. 31). Diese Tatsache läßt sich durch die bei tieferer Temperatur verminderte Diffusionsgeschwindigkeit der Fremdatome erklären, die daher keine Verankerung der Versetzungen bewirken können.

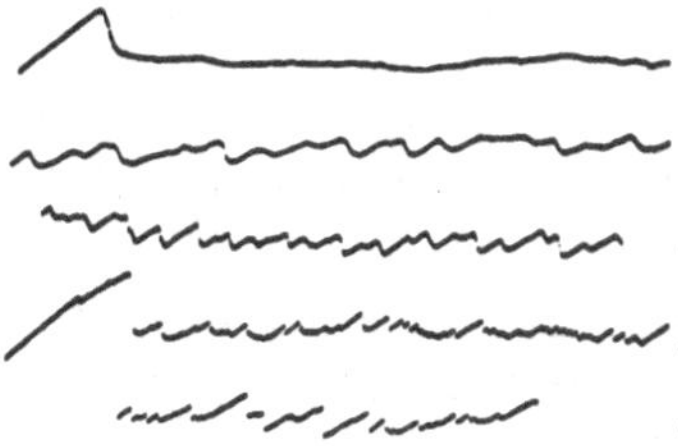

Abb. 31 Spannungs-Dehnungs Kurven eines stickstoffhaltigen Zink Kristalls bei verschiedenen Temperaturen. (nach DUMBLETON [256])

Ähnliche Versuche wurden von BAINBRIDGE, LI und EDWARDS durchgeführt. Die Autoren beobachteten die Bewegung von Kleinwinkel Versetzungs Korngrenzen in Zink und stellten fest, daß unter dem Einfluß einer Schubspannung die Bewegung bei +20°C ruckartig in großen Sprüngen, bei -196°C jedoch stetig erfolgt [266].

Nach Ansicht des Verfassers stellt der BARKHAUSEN-Effekt zu einem großen Teil das magnetische Analogon zum PORTEVIN-LE CHATELIER-Effekt dar (9.1.).

6.4. Analogien zwischen Versetzungen und magnetischen Wänden

Versetzungen	*Wände*
1. Versetzungen sind eine Inhomogenität des Kristallaufbaus; sie ermöglichen eine plastische Deformation durch geringe Spannungen.	Wände sind eine Inhomogenität der Magnetisierungsverteilung; sie ermöglichen die Ummagnetisierung durch geringe Feldstärke.
2. Sind Versetzungen vorhanden, können sie sich im homogenen Material leicht bewegen. Reine Einkristalle sind sehr weich.	Sind Wände vorhanden, können sie sich im homogenen Material leicht bewegen. Die Koerzitivfeldstärke ist gering.
3. Im inhomogenen Material können sich Versetzungen nur schwer bewegen. Legierungen sind meist härter als ihre Komponenten. Ausscheidungshärtung von Stahl.	Im inhomogenen Material können sich Wände nur schwer bewegen. Die Koerzitivfeldstärke ist hoch.
4. Vermeidung von Versetzungen führt infolge kohärenten Gleitens zu sehr hoher Elastizitätsgrenze (JOFFÉ-Effekt, Whisker).	Vermeidung von Wänden führt infolge kohärenter Rotation zu sehr hoher Koerzitivfeldstärke (Einbereichteilchen für hartmagnetische Werkstoffe).
5. Für Versetzungen existiert eine „relativistische" Grenzgeschwindigkeit (Schallgeschwindigkeit). Sie ist proportional zur Wurzel aus der mechanischen Kopplungskonstante	Für Wände existiert eine „relativistische" Grenzgeschwindigkeit. Sie ist proportional zur Wurzel aus der magnetischen Kopplungskonstante (Austauschenergie). Bei Annäherung an die Grenzge-

Versetzungen	*Wände*
(Elastizitätsmodul). Bei Annäherung an die Grenzgeschwindigkeit tritt eine Kontraktion ein.	schwindigkeit tritt eine Kontraktion ein.
6. Versetzungen treten in Wechselwirkung mit Gitterfehlern und Fremdatomen.	Wände treten in Wechselwirkung mit Gitterfehlern und Fremdatomen.
7. Ruhende Versetzungen können durch Diffusion von Gitterfehlern und Fremdatomen „verankert" werden, so daß die Festigkeit steigt (Reckalterung).	Ruhende Wände können durch Diffusion von Gitterfehlern und Fremdatomen „stabilisiert" werden, so daß die Wandbewegungsfeldstärke steigt (Desakkomodation, Warteeffekt).
8. Um die Versetzung von den durch Diffusion erhöhten Hindernissen loszureißen, ist eine erhöhte Spannung erforderlich. Nach Erreichen dieser Spannung erfolgt eine ruckartige Dehnung des Materials (PORTEVIN-LE CHATELIER-Effekt).	Um die Wände von den durch Diffusion erhöhten Hindernissen loszureißen, ist eine erhöhte Feldstärke erforderlich. Nach Erreichen dieser Feldstärke erfolgt eine ruckartige Ummagnetisierung des Materials (BARKHAUSEN-Effekt, siehe Abschnitt 9.1.).
9. Die durch Diffusion auf die bewegte Versetzung ausgeübte Reibungskraft nimmt mit steigender Geschwindigkeit ab, so daß die Bewegung instabil werden kann.	Die durch Diffusion auf die bewegte Wand ausgeübte Reibungskraft nimmt mit steigender Geschwindigkeit ab, so daß die Bewegung instabil werden kann (dynamische Rechteckigkeit).
10. Versetzungen können sich unter konstanter Spannung durch thermische Aktivierung bewegen (mechanisches Kriechen).	Wände können sich im konstanten Feld durch thermische Aktivierung bewegen (Jordansche Nachwirkung).
11. Das mechanische Kriechen tritt auch bei sehr tiefen Temperaturen auf. Die Versetzungen überwinden die Hindernisse dann nicht durch thermische Aktivierung, sondern durch Tunneleffekt (Abschnitt 10.6).	Die Versuchsergebnisse deuten darauf hin, daß die magnetische Nachwirkung bei sehr tiefen Temperaturen durch temperaturunabhängige Mechanismen (Tunneleffekt, Nullpunktenergie) mitbestimmt wird.
12. Die gleichzeitige Einwirkung einer konstanten Zugspannung und einer periodisch wechselnden Torsionsspannung auf einen Stab führt zu besonders starker Dehnung (Literatur siehe FREUDENTHAL [356]).	Die gleichzeitige Einwirkung eines Gleichfeldes in der leichten Richtung und eines Wechselfeldes in der schweren Richtung einer Schicht führt zu einer besonders starken Wandbewegung (Wandkriechen, Abschnitt 7).

7. Ummagnetisierungsmechanismen dünner Schichten – Fragestellung der durchgeführten Experimente.

Dünne Schichten sind in zahlreichen Arbeiten untersucht worden (siehe die Monographien von PRUTTON [72] und SOOHOO [73] sowie die zusammenfassenden Arbeiten von ANDRÄ [79,80], SMITH [29] und FELDTKELLER [76,344]). Danach lassen sich folgende Hauptgruppen der Ummagnetisierungsmechanismen unterscheiden:

1. *Schnelle Schaltvorgänge*

Wird eine Schicht schlagartig einem hohen Ummagnetisierungsfeld ausgesetzt, so können je nach den Eigenschaften der Schicht, dem Winkel des Feldes gegen die leichte Richtung und dem Vorhandensein eines Querfeldes zwei verschiedene Mechanismen auftreten.

a) Kohärente Rotation [267–275]. Die Magnetisierung rotiert gleichzeitig und gleichsinnig als Ganzes in der gesamten Schicht (Abb. 32 I). Die kohärente Rotation kann in 10^{-9} s erfolgen; dieser schnellstmögliche Ummagnetisierungsvorgang wird daher für die Anwendung in Rechenanlagen angestrebt.

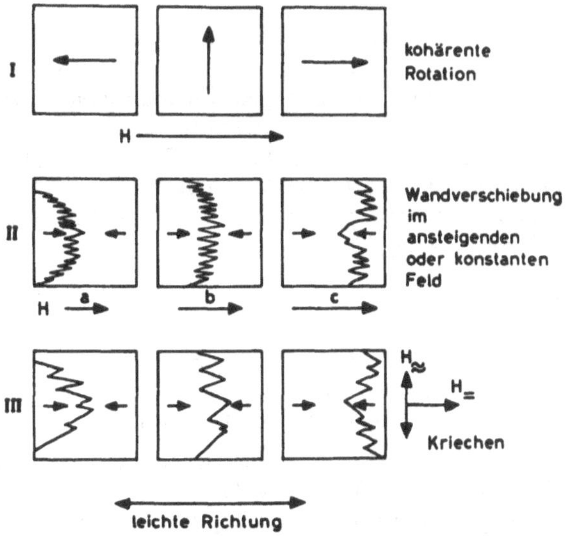

Abb. 32 Schematische Darstellung verschiedener Ummagnetisierungsmechanismen in einer dünnen Schicht

b) Schnelle Wandverschiebung [276–281] (Abb. 32 II). Die Schicht wird durch Wandverschiebung ummagnetisiert, deren Geschwindigkeit durch

$$v = G(H - H_0) \qquad \text{für } H > H_0 \qquad (44)$$

gegeben ist. G: Beweglichkeit der Wand; H: äußeres Feld; H_0: Wandbewegungsfeldstärke (Koerzitivfeldstärke) der Schicht. (Diese Formel ergibt sich aus der vollständigen Wandbewegungsgleichung (Gl. 16), wenn für annähernd konstante Wandgeschwindigkeit der Beschleunigungsterm vernachlässigt und der Term der rücktreibenden Kraft pauschal durch die Koerzitivfeldstärke berücksichtigt wird). Das Feld wird so schnell eingeschaltet, daß es während der Wandbewegung konstant ist. Da die Wandgeschwindigkeit proportional zur „Überschußfeldstärke" $H - H_0$ ist, wird diese Bewegung in Analogie zur Bewegung eines Körpers in einer Flüssigkeit als „viskose Wandbewegung" bezeichnet. Bei den schnellen Schaltvorgängen spielen BARKHAUSEN-Effekt und Nachwirkung keine Rolle.

2. *Langsame Wandbewegungen*

a) Wandverschiebung im *langsam ansteigenden Feld.* Wird eine Schicht einem langsam ansteigenden Feld ausgesetzt (Anstiegszeit größer als 10^{-6} s), so wachsen die am Rande der Schicht vorhandenen Ummagnetisierungskeime und verschieben sich mit wachsender Feldstärke über die ganze Schicht (Abb. 32 II). Das Feld ist dabei immer nur wenig größer als die (geringfügig ortsabhängige) Wandbewegungsfeldstärke H_0. Die Wandbewegung geht in mehr oder weniger großen Sprüngen vor sich. Über diesen *BARKHAUSEN-Effekt an dünnen Schichten* ist bisher nur wenig bekannt.

b) Wandbewegung im *konstanten Feld.* Wird das Feld nur so weit erhöht, bis die Keime am Rande gerade zu wachsen beginnen (etwa bis Abb. 32 IIa) und dann konstant gehalten, so tritt nach Angabe einiger Autoren [211, 282–287] eine weitere langsame Wandbewegung auf, die bis zur völligen Ummagnetisierung der Schicht führen kann und von STACEY [209] als Folge thermischer Schwankungen gedeutet wurde. Der Endzustand (Abb. 32 IIc) wird also in einem geringeren Feld (wenn auch zu einem späteren Zeitpunkt) erreicht als im ansteigenden Feld. Die Geschwindigkeit dieser thermisch aktivierten Wandbewegung ist im Gegensatz zur viskosen Wandbewegung gegeben durch Gl. 31, so daß

$$\log v \sim H - H_0 \qquad \text{für } H < H_0 \qquad (45)$$

folgt. *Die Existenz der thermisch aktivierten Wandbewegung ist umstritten,* da andere Autoren [75, 288, 289] berichteten, auch nach langem Warten keine Wandbewegung im konstanten Feld beobachtet zu haben.

3. *Wandkriechen.* Wird in der leichten Richtung der Schicht ein konstantes Gleichfeld und senkrecht dazu ein Wechselfeld konstanter Amplitude angelegt, so tritt eine langsame, quasistetige Wandbewegung auf, die als magnetisches Wandkriechen (creeping) bezeichnet wird (Abb. 32 III). Die Bedeutung dieser von MIDDELHOEK entdeckten Erscheinung liegt darin, daß die Wandbewegung

auch dann stattfindet, wenn der resultierende Vektor aus Gleich- und Wechselfeld zu jedem Zeitpunkt kleiner ist als die mit einem Gleichfeld in der entsprechenden Richtung gemessene Wandbewegungsfeldstärke. Unter der gemeinsamen Wirkung eines Gleich- und Wechselfeldes verschieben sich die Wände also leichter als unter der Wirkung eines Gleichfeldes allein. Daher tritt das Wandkriechen in Rechenanlagen störend in Erscheinung, da es zu einer unerwünschten Verschiebung der Bereichswände durch Streufelder benachbarter Schaltvorgänge und damit zu einem Informationsabbau führt. [290]

Demgemäß werden in den nachstehend beschriebenen Experimenten *vier verschiedene Fragestellungen* verfolgt:

1. Der BARKHAUSEN-Effekt der Wandbewegung im ansteigenden Feld wird hinsichtlich der Temperatur- und Materialabhängigkeit untersucht.

2. Ferner wird zunächst qualitativ die umstrittene Existenz der Wandbewegung im konstanten Feld beobachtet, um festzustellen, ob und gegebenenfalls unter welchen Umständen diese Erscheinung auftritt.

3. In den Fällen, in denen die Wandbewegung im konstanten Feld existiert, wird sie quantitativ als Funktion des Feldes und der Temperatur untersucht.

4. Das Wandkriechen wird als Funktion der Feldstärken und der Temperatur gemessen.

8. Experimentelle Untersuchung des Barkhausen-Effektes und der Nachwirkung in dünnen ferromagnetischen Schichten.

8.1. Magnetooptische Untersuchungen von 300°K bis 80°K

8.1.1. Apparatur

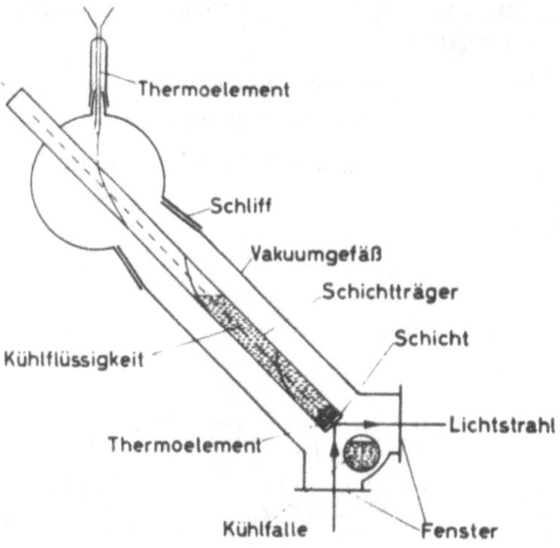

Abb. 33 Schnitt durch die Apparatur zur magnetooptischen Untersuchung gekühlter Schichten

Um den Ummagnetisierungsvorgang dünner ferromagnetischer Schichten im Temperaturbereich von 300°K bis 80°K untersuchen zu können, wurde die in Abb. 33 dargestellte Apparatur gebaut. Die Schicht befindet sich auf der Abschlußplatte eines Schichtträgers, der mit Kühlflüssigkeit (flüssigem Stickstoff bzw. gekühltem Alkohol) gefüllt wird. Der Schichtträger läßt sich mittels eines Schliffes drehen, um den Winkel zwischen der leichten Richtung der Schicht und dem äußeren Feld variieren zu können. Der kugelförmige Übergang zwischen dem Schichtträger und dem Schliff bewirkt eine weitgehende thermische Isolierung, so daß der Schliff auf Zimmertemperatur und daher drehbar bleibt, auch wenn der Schichtträger gekühlt wird.

Die Apparatur wird evakuiert, um ein Beschlagen des gekühlten Objektes zu vermeiden. Eine mit flüssigem Stickstoff gefüllte Kühlfalle friert Reste von Wasser- und Pumpenöldampf aus. Die Fenster sind senkrecht zum ein- und ausfallenden Lichtstrahl angeordnet, um eine Drehung der Polarisationsebene des Lichtes in den unter Atmosphärendruck stehenden Fenstern gering zu halten. Die Apparatur ist aus Glas hergestellt, um Wirbelströme zu vermeiden, so daß die Schicht durch Wechselfelder und schnelle Schaltimpulse ummagnetisiert werden kann. Das Magnetfeld liegt parallel zur Schichtfläche und wird durch ein in Abb. 33 nicht gezeichnetes Spulenpaar in HELMHOLTZ-Anordnung erzeugt.

Die Ummagnetisierung der Schicht wird mit Hilfe des magneto-optischen KERR-Effekts beobachtet. Hierzu wird die Schicht mit linear polarisiertem Licht beleuchtet (Abb. 34) und die bei der Reflektion des Lichtes an der magnetisierten Schicht entstandene Drehung der Schwingungsebene mit Hilfe eines Analysators in Intensitätsänderungen umgesetzt. Die durch den Analysator tretende Lichtintensität ist proportional zur ummagnetisierten Fläche. Mit Hilfe eines Photomultipliers (SEV) kann daher die Ummagnetisierung der Schicht als Funktion des Feldes oszillographisch dargestellt werden. Bezüglich der Einzelheiten des Verfahrens sei auf frühere Arbeiten des Verfassers verwiesen [83, 85, 291–300].

Abb. 34 Anordnung zur magneto-optischen Registrierung des Ummagnetisierungsvorgangs

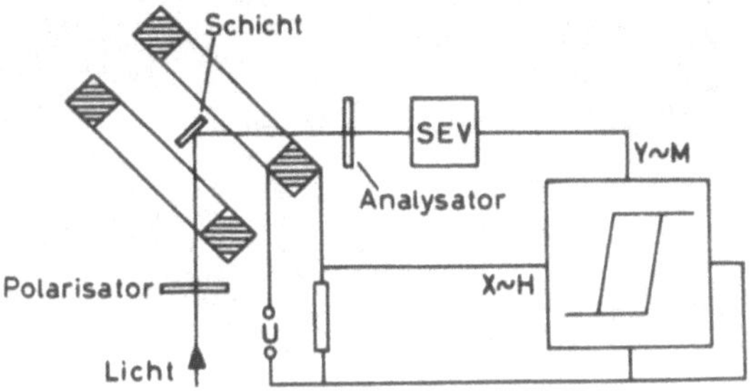

Die Ummagnetisierung der Schicht in einem 50 Hz Wechselfeld ergibt eine nahezu rechteckige Hystereseschleife, die für das (modifizierte) Einbereichverhalten (Remanenz = Sättigung; vgl. 3.5.1.) charakteristisch ist.

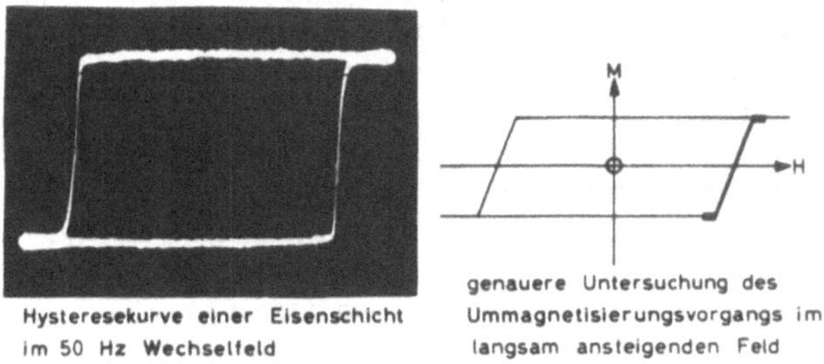

Abb. 35 Hystereseschleife einer 1000 Å dicken Eisenschicht, aufgenommen mit der Anordnung nach Abb. 34. Links: Oszillogramm; Rechts: Schematische Darstellung

Die horizontalen Teile der Hystereseschleife entsprechen dem Sättigungszustand, der durch das äußere Feld nicht geändert wird. Dieser Teil des Ummagnetisierungszyklus wird daher im folgenden nicht betrachtet; es werden nur die Flanken, die dem Ummagnetisierungsvorgang entsprechen, berücksichtigt (in Abb. 35 verstärkt gezeichnet).

8.1.2. Barkhausen-Effekt

Um den Ummagnetisierungsvorgang genauer verfolgen zu können, wird in den folgenden Experimenten nur die Flanke der Hysterese langsam (in 50 s) in einem stetig ansteigenden Feld durchfahren und die auftretende Magnetisierungsänderung beobachtet. Die übrigen Teile der Hysterese werden schnell geschaltet und nicht dargestellt.

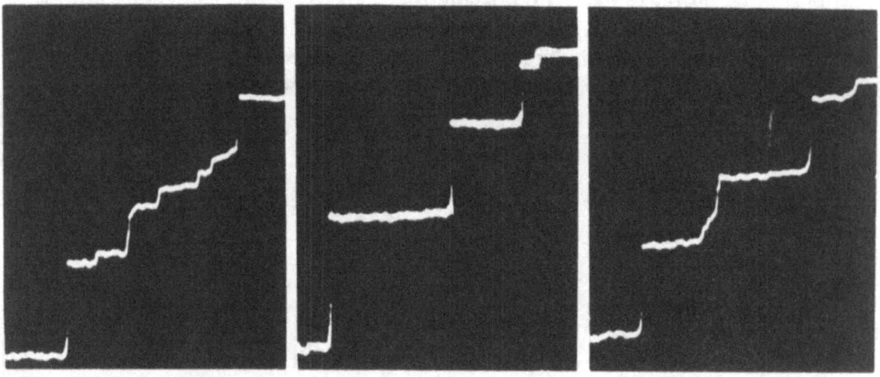

Abb. 36 Ummagnetisierung einer Eisenschicht in drei aufeinanderfolgenden Zyklen unter gleichen äußeren Bedingungen. Ordinate: Ummagnetisierte Fläche; Abszisse: Zeitproportional ansteigendes Feld

Abb. 36 zeigt, daß der Ummagnetisierungsvorgang in einem stetig ansteigenden Feld nicht ebenfalls stetig erfolgt, sondern in Form von *Barkhausen-Sprüngen* stattfindet. Die dargestellten Ummagnetisierungsvorgänge wurden bei 300°K in drei aufeinanderfolgenden Zyklen aufgenommen. Trotz gleicher äußerer Bedingungen verläuft die Ummagnetisierung jedesmal in anderer Weise; die Sprünge finden jedesmal an anderen Stellen der Schicht und mit verschiedener Größe statt. Die visuelle Beobachtung des Ummagnetisierungsvorgangs mit Hilfe des Kerr-Effekts führt zu demselben Ergebnis: *Die Barkhausen-Sprünge in einer Eisenschicht sind als Einzelereignisse nicht reproduzierbar.*

Nach der Abkühlung der Schichten ergab sich die überraschende Feststellung, daß die mittlere Größe der Sprünge mit sinkender Temperatur stark abnimmt, so daß bei 80°K (im Rahmen der hier vorliegenden Meßgenauigkeit) die Barkhausen-Sprünge verschwunden sind [299].

Die Flanke der Hysterese ist keine Treppe mehr, sondern eine Rampe. Außerdem ist der Ummagnetisierungsvorgang nahezu reproduzierbar geworden; bei jedem

Zyklus verläuft die Kurve in fast derselben Weise – im Gegensatz zu dem nichtreproduzierbaren Verhalten bei 300°K.*

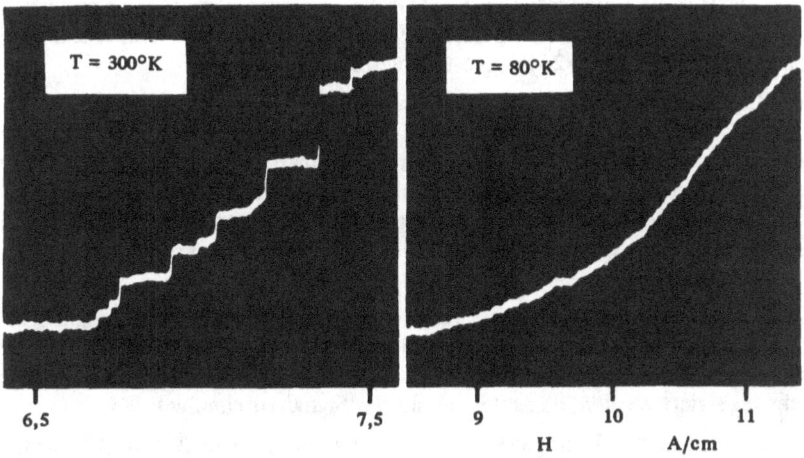

Abb. 37 Ummagnetisierung einer Eisenschicht bei verschiedenen Temperaturen. Links: Sprunghafte Ummagnetisierung bei 300°K (entspricht Abb. 36); Rechts: Quasistetige Ummagnetisierung derselben Schicht bei 80°K

Die oszillographische Messung wurde durch visuelle Beobachtung der Ummagnetisierung mit Hilfe des KERR-Effekts bestätigt: Während sich bei 300°K die Wände ruckhaft in Sprüngen (größer als 100 μm) über die Schicht bewegen, ist bei 80°K nur noch eine quasistetige Wandbewegung zu beobachten. Es treten also keine Sprünge auf, die größer als das Auflösungsvermögen von 30 μm sind.

Zur quantitativen Erfassung dieses Temperatureffekts wurden zahlreiche Aufnahmen nach Art der Abb. 37 durchgeführt und hinsichtlich der Größenverteilung der Sprünge ausgewertet.

Abb. 38 Größenverteilung der BARKHAUSEN-Sprünge in einer Eisenschicht bei verschiedenen Temperaturen. Ordinate ist der Anteil der Wände, die weiter springen als auf der Abszisse angegeben [299]

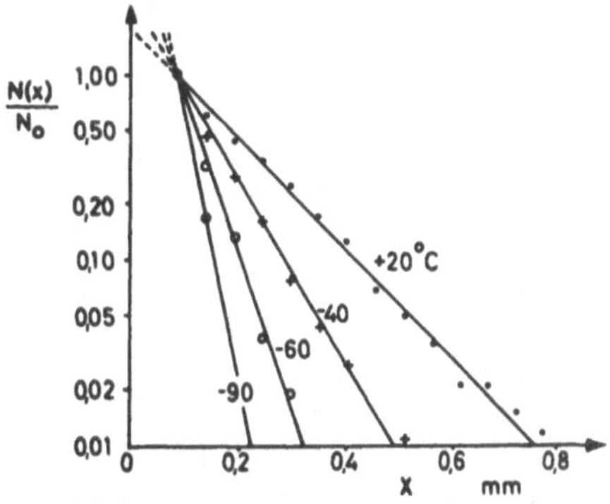

* Diese Feststellung ist von technischer Bedeutung für die Rechenanlagen, in denen die Wandverschiebung zur Informationsspeicherung ausgenutzt wird [301–304].

Während die Sprünge als Einzelereignis nicht reproduzierbar sind, läßt sich aus einer großen Zahl von Messungen die statistische Beziehung ableiten, daß die Sprunghäufigkeit exponentiell mit der Größe abnimmt, d. h. kleine Sprünge sind häufiger als große. Diese Gesetzmäßigkeit war bei Zimmertemperatur bereits von FORD und PUGH [126] festgestellt worden (4.4.).

Die hier gemessenen Größenverteilungen lassen sich durch Gl. 14 (siehe 4.4.) darstellen. Bei 20°C beträgt die an der Eisenschicht gemessene „Haltewahrscheinlichkeit" $\lambda = 7{,}1\ mm^{-1}$ und ist danach rund doppelt so groß wie der von FORD und PUGH festgestellte Wert von $3{,}2\ mm^{-1}$. Das ist in Einklang mit der hier durch visuelle Beobachtung der Ummagnetisierung festgestellten Tatsache, daß die BARKHAUSEN-Sprünge in Permalloy Schichten deutlich größer sind als in Eisenschichten.

Mit sinkender Temperatur nimmt nach Abb. 38 die Steigung der Geraden und damit die Haltewahrscheinlichkeit zu, die bei -90°C $\lambda = 35{,}4\ mm^{-1}$ beträgt und damit rund 5 mal größer ist als bei +20°C. Unter -90°C konnten keine Sprünge mehr registriert werden, da sie kleiner als das Signalrauschen wurden.

Zur Berechnung der Sprungweiten aus Oszillogrammen gemäß Abb. 37 wurde angenommen, daß die Länge der Wand gleich der Breite der Schicht (1 cm) ist und die Ummagnetisierung durch Parallelverschiebung der Wand erfolgt. Die visuelle Beobachtung des Ummagnetisierungsvorgangs ergab, daß sich die Form der Bereiche durch die Abkühlung nicht wesentlich ändert.

Die hier festgestellte Abnahme des BARKHAUSEN-Effektes in dünnen Schichten durch die Abkühlung ist bisher noch nicht beobachtet worden und wäre nach den bekannten Erklärungen dieses Effektes auch nicht zu erwarten. Daher wurden die Eigenschaften der Schichten bei tiefer Temperatur durch weitere Experimente untersucht.

8.1.3. Wandbewegung im konstanten Feld

Als Ergänzung zu den Messungen des BARKHAUSEN-Effektes, die im *ansteigenden* Feld erfolgen, wurde das Verhalten der Schichten im *konstanten* Feld untersucht.

Wie in Abschnitt 7 ausgeführt, tritt nach Angabe einiger Autoren eine Wandbewegung im konstanten Feld auf (die als Folge thermischer Aktivierung gedeutet wird), während diese Erscheinung von anderen Autoren nicht beobachtet wurde.

Die thermisch aktivierte Wandbewegung (Gl. 45) läßt sich von der viskosen Wandbewegung (Gl. 44) auch ohne Kenntnis des nur schwer exakt zu ermittelnden Wertes von H_0 unterscheiden: Reale dünne Schichten sind nicht vollständig homogen, sondern weisen eine Ortsabhängigkeit der Wandbewegungsfeldstärke auf, die z. B. durch einen Dickegradienten verursacht sein kann. Das entmagnetisierende Feld wirkt in derselben Weise.

Liegt ausschließlich viskose Wandbewegung vor, so magnetisieren alle Gebiete der Schicht, deren Wandbewegungsfeldstärke kleiner als das äußere Feld ist, sehr schnell durch Wandbewegung um. Die Ummagnetisierung beginnt, wenn das Feld den geringsten in der Schicht vorkommenden Wert der Wandbewegungsfeldstärke $H_{o\ min}$ überschreitet und setzt sich im ansteigenden Feld fort, bis der Höchstwert $H_{o\ max}$ erreicht ist. Wegen des hohen Wertes von G in Gl. 44 (Größenordnung 10^4 cm s^{-1}/A cm^{-1}) folgt die Wandbewegung dem ansteigenden Feld sehr schnell. Zum Beispiel sind innerhalb 10^{-2} s alle Gebiete der Schicht ummagnetisiert, deren örtliche Wandbewegungsfeldstärke um mindestens 10^{-2} A cm^{-1} niedriger als der momentane Wert des Feldes ist.

Wird das Feld nur bis zu einem Zwischenwert, z. B. dem Mittelwert von $H_{o\ min}$ und $H_{o\ max}$ gesteigert, so wird nur etwa die Hälfte der Schicht ummagnetisiert. *Im anschließend konstant gehaltenen Feld findet keine weitere Wandbewegung statt.*

Liegt jedoch zusätzlich thermische Aktivierung vor, so setzt sich die Wandbewegung im konstant gehaltenen Feld fort und magnetisiert im Lauf der Zeit auch die Gebiete um, deren Wert von H_o höher als das angelegte Feld ist. Die Geschwindigkeit der Wandbewegung nimmt gemäß Gl. 45 mit fortschreitender Ummagnetisierung ab.

Zur qualitativen Prüfung des Auftretens thermisch aktivierter Wandbewegung wurden daher die Schichten in einem langsam ansteigenden Feld teilweise ummagnetisiert und danach das Feld konstant gehalten. Die Wirkung der thermischen Aktivierung ist dann daran zu erkennen, ob in der anschließenden Beobachtungszeit (Sekunden bis Stunden) eine weitere Wandbewegung auftritt oder nicht.

Es wurde folgender Feldverlauf angewendet: In einem ersten Versuch wird die Schicht in einem langsam ansteigenden Feld durch viskose Wandbewegung ummagnetisiert. Dieser Feld- und Magnetisierungsverlauf ist in Abb. 39 durch ausgezogene Kurven dargestellt. Die so entstandene Magnetisierungskurve dient als Vergleich für den zweiten Versuch.

Im zweiten Versuch wird das Feld nur so weit erhöht, bis ein Teil der Schicht ummagnetisiert ist (die Übereinstimmung der beiden Kurven im Anfangsverlauf beweist die gute Reproduzierbarkeit des Ummagnetisierungsvorgangs bei tiefer Temperatur); danach wird das Feld während einer Wartezeit t_w konstant gehalten*. Abb. 39 zeigt, daß während der Wartezeit, also im konstanten Feld, die Magnetisierung weiter anwächst. Die Wandbewegung im konstanten Feld setzt sich im Lauf der Zeit bis zur vollständigen Ummagnetisierung der Schicht fort. Wird nach der Wartezeit t_w das Feld wieder kontinuierlich mit derselben Anstiegsgeschwindigkeit gesteigert, so nähert sich der Magnetisierungsverlauf der Vergleichskurve.

Dieser bei 80°K durchgeführte Versuch zeigt, daß sich ein bestimmter Wert der Magnetisierung auf zwei Arten erreichen läßt: Entweder schnell in einem hohen

* Während des Experiments waren Wechselfelder am Ort der Schicht kleiner als 10^{-3} A cm^{-1}. Eine Verfälschung des Versuchs durch das Eintreten von Wandkriechen ist daher ausgeschlossen.

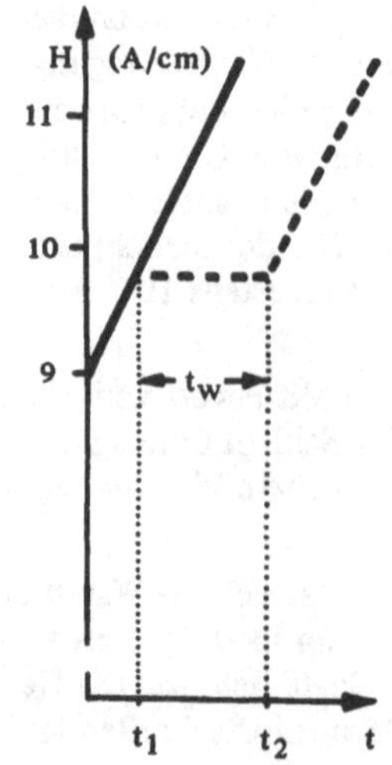

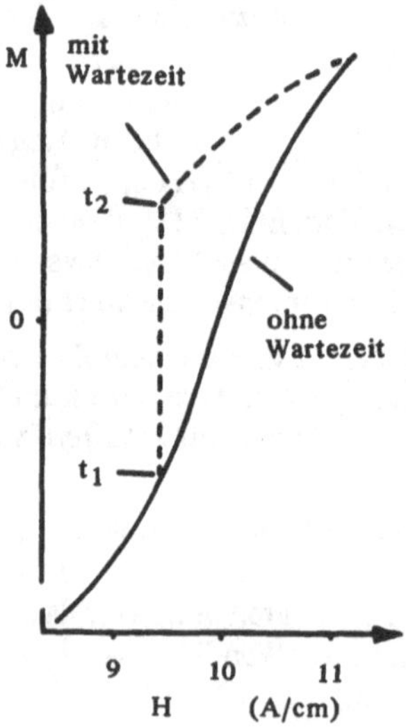

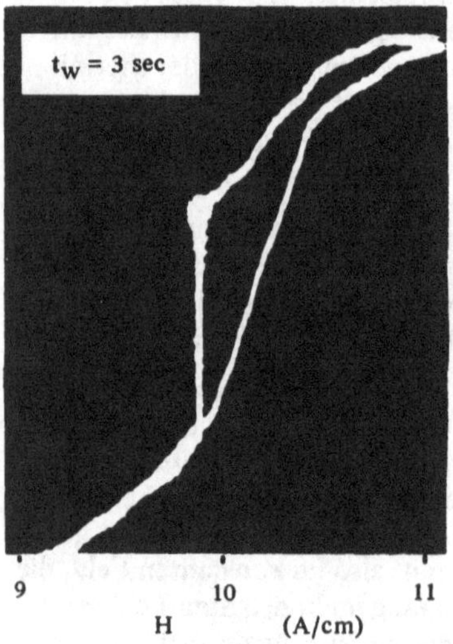

Abb. 39 Versuch zur Untersuchung der thermisch aktivierten Wandbewegung. Oben links: Feld als Funktion der Zeit; Rechts: Schematisierter Verlauf der Magnetisierung als Funktion des Feldes; Unten Beobachteter Verlauf der Magnetisierung als Funktion des Feldes in einer Eisenschicht bei 80°K

Feld oder zu einem späteren Zeitpunkt in einem geringeren Feld. Durch Verminderung der Feldfrequenz nimmt der Flächeninhalt der Hysterese ab.

Gemäß der bisherigen Theorie (5.5.1.) ist die Wandbewegung im konstanten Feld auf thermische Aktivierung zurückzuführen. Nach dieser Vorstellung wäre zu erwarten, daß das gleiche Experiment, bei 300°K ausgeführt, eine noch stärkere Wandbewegung im konstanten Feld ergeben sollte, da die thermische Aktivierung noch wirksamer sein müßte.

Diese Folgerung erwies sich bei experimenteller Prüfung als nicht richtig. Bei 300°K ist die Wandbewegung im konstanten Feld sehr viel geringer. Im allgemeinen erfolgen zu Beginn der Wartezeit einige kleine Sprünge; nach einigen Sekunden kommt die Wand zum völligen Stillstand und bewegt sich auch nach beliebig langer Zeit nicht mehr. Die im konstanten Feld ummagnetisierte Fläche beträgt nur wenige Prozent der Gesamtfläche.

Das zweite überraschende Ergebnis der Versuche besteht darin, daß im konstanten Feld bei 80°K eine stärkere Wandbewegung erfolgt als bei 300°K.

Nach den bisherigen Vorstellungen über die thermisch aktivierte Wandbewegung (5.5.1.) ließe sich nur eine *quantitative* Änderung der Wand*geschwindigkeit* als Folge einer möglichen Änderung der Schichtparameter verstehen. Dagegen bliebe unverständlich, daß sich nach Ausweis der Experimente der Wandbewegungs*ablauf qualitativ* ändert, indem die Wand bei 80°K die gesamte Schicht langsam und stetig ummagnetisiert, während sie bei 300°K nach wenigen kleinen Sprüngen völlig zum Stillstand kommt.

Der Grund für den stärkeren Einfluß der Wandbewegung im konstanten Feld bei tiefer Temperatur kann auch nicht daran liegen, daß die Schicht (durch einen unbekannten Mechanismus) homogener geworden wäre. Im Gegenteil hat nach Abb. 37 durch Abkühlung sowohl die Koerzitivfeldstärke als auch das Feldstärkeintervall der Ummagnetisierung zugenommen. Daher wäre allein auf Grund der Ummagnetisierungskurven zu erwarten, daß bei 80°K der Einfluß der Wandbewegung im konstanten Feld geringer sein sollte als bei 300°K.

8.1.4. Warteeffekt (Wandstabilisierung)

Da die Theorie der thermischen Aktivierung zur Erklärung der beobachteten Erscheinungen nicht ausreicht, wurde versucht, den Einfluß der Richterschen Nachwirkung zu prüfen. Die Richtersche Nachwirkung (5.3.) wurde am massiven Material in zahlreichen Arbeiten untersucht, hinsichtlich der Wandbewegung in dünnen Schichten jedoch bisher noch nicht berücksichtigt. Der Grund dafür dürfte sein, daß die Richtersche Nachwirkung im massiven Material hauptsächlich an kleinen reversiblen Wandbewegungen studiert wird, die in dünnen Schichten nicht beobachtet werden*.

Um zu prüfen, ob die Richtersche Nachwirkung einen Einfluß auf die Wandbewegung in dünnen Schichten hat, wurde folgender Feldverlauf angewendet [305]: Zunächst wird wie im vorigen Experiment die Schicht in einem langsam ansteigenden Feld ummagnetisiert, um eine Vergleichskurve zu gewinnen (in Abb. 40 durch ausgezogene Kurven dargestellt).

* In der Literatur sind nach Kenntnis des Verfassers bisher keine reversiblen Wandverschiebungen (ohne Bereichsrotation) in dünnen Schichten beschrieben worden. Eigene Untersuchungen mit dem FARADAY-Effekt-Mikroskop, das eine Auflösung von 1μm erlaubt [85], ließen keine reversiblen Wandbewegungen erkennen. Ob die Wandbewegung bei noch kleineren Auslenkungen reversibel verläuft, wird zur Zeit am hiesigen Institut mit dem Elektronenmikroskop untersucht [243].

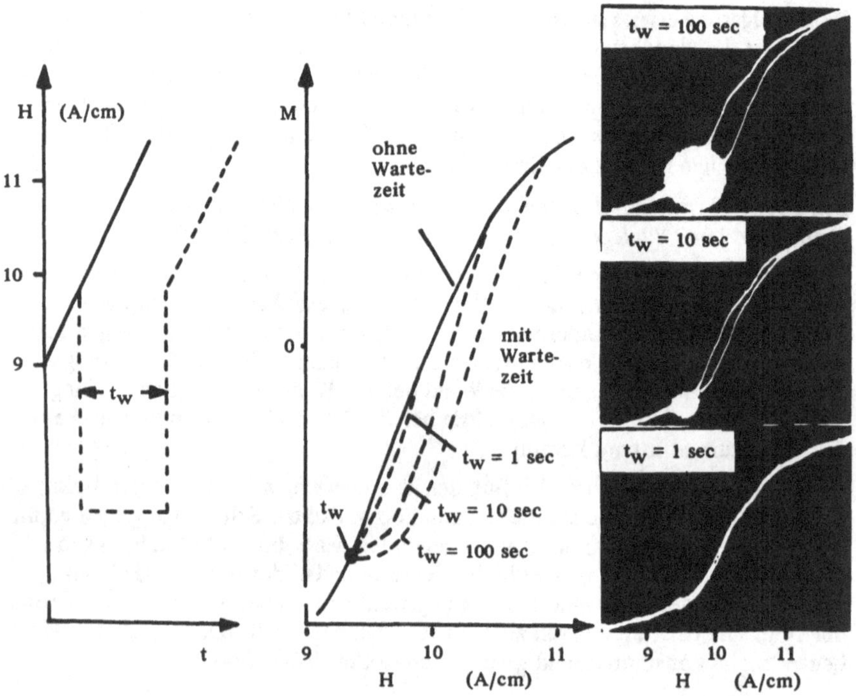

Abb. 40 Versuch zur Prüfung des Einflusses der Richterschen Nachwirkung auf die Wandbewegung in dünnen Schichten. Links: Feld als Funktion der Zeit; Mitte: Schematisierter Verlauf der Magnetisierung als Funktion des Feldes für verschiedene Wartezeiten; Rechts: Beobachteter Verlauf der Magnetisierung als Funktion des Feldes bei 80°K. Dieselbe Schicht wie in Abb. 39

Im zweiten Versuch wird das Feld nur erhöht, bis ein Teil der Schicht ummagnetisiert ist, dann jedoch – im Gegensatz zum vorigen Experiment – das Feld soweit gesenkt, daß die thermische Aktivierung sich nicht mehr auswirken kann. Die Wand bleibt also während der Wartezeit t_w stehen.

Nach der Wartezeit wird das Feld mit der gleichen Anstiegsgeschwindigkeit und vom gleichen Wert wie vor der Pause ausgehend wieder gesteigert (Feld- und Magnetisierungswerte des zweiten Versuchs in Abb. 40 gestrichelt).

Das Experiment zeigt, daß nach einer Wartezeit von 1 s die Magnetisierungskurve fast ebenso verläuft wie ohne Pause. Dagegen liegen nach Wartezeiten von 10 bzw. 100 s die Kurven nach der Pause deutlich unter der Vergleichskurve. Diese Erscheinung werde hier als „Warteeffekt" bezeichnet. *Die zur Bewegung der Wand erforderliche Feldstärke steigt mit der Zeit, während der die Wand an einem Ort der Schicht liegt.* Dieses Verhalten entspricht völlig der Stabilisierung der Wände, die am massiven Material bei kleinen Wandbewegungen (Auslenkung kleiner als Wanddicke) beobachtet und auf Richtersche Nachwirkung zurückgeführt wurde (vgl. 5.3.1. und Abb. 19). *Die Experimente zeigen, daß die Richtersche Nachwirkung, die bisher an kleinen Wandbewegungen im massiven Material untersucht wurde, auch die großen Wandverschiebungen in dünnen Schichten wesentlich beeinflußt.*

8.2. Magnetooptische Untersuchungen von 300°K bis 20°K

Um Aufschluß über die Materialabhängigkeit der Wandbewegung zu erhalten, wurden außer Eisenschichten auch Schichten aus Permalloy (20 % Fe / 80 % Ni) sowie einer Legierung aus 50 % Fe/Ni untersucht. Diese Substanzen zeigten im Gegensatz zu Eisen bei Abkühlung bis 80°K keine wesentliche Verminderung des BARKHAUSEN-Effekts. Daher wurden die Untersuchungen zu tieferen Temperaturen ausgedehnt.

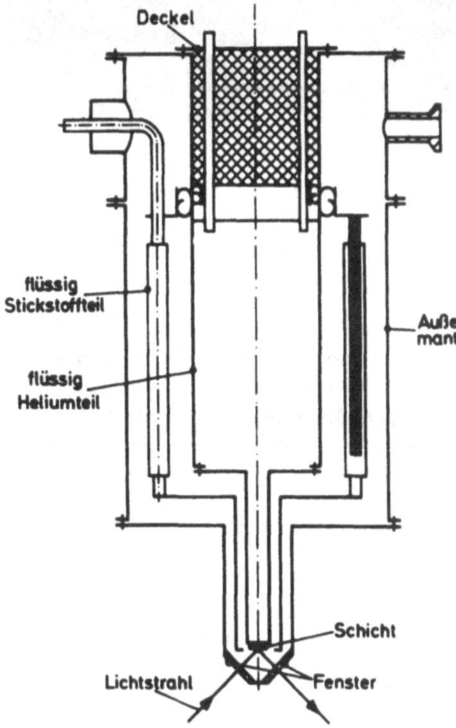

Abb. 41 Kryostat zur magnetooptischen Untersuchung der Schichten bis 20°K. (nach SCHEIBE [306])

Die Schichten wurden hierzu am Boden eines Helium Metall-Kryostaten befestigt und ihre Ummagnetisierung mit Hilfe des KERR-Effekts untersucht (Abb. 41). In dieser Anordnung konnten die Schichten bis 20°K gekühlt werden.

Die Untersuchungen ergaben, daß die Eisen-Nickel Schichten nach Abkühlung auf 20°K in jeder Hinsicht das gleiche Verhalten zeigen wie die Eisenschichten nach Abkühlung auf 80°K. Der BARKHAUSEN-Effekt nimmt stark ab (Abb. 42); die visuelle Beobachtung zeigte bei 300°K und 80°K Sprünge mit einer Weite von mehr als 100 μm, dagegen konnten bei 20°K keine Sprünge festgestellt werden, die größer als das Auflösungsvermögen von 5 μm gewesen wären. Im konstanten Feld erfolgte bei 20°K eine langsame Wandbewegung, die im Lauf der Zeit zur völligen Ummagnetisierung der Schicht führte. Ferner wurde Wandstabilisierung beobachtet.

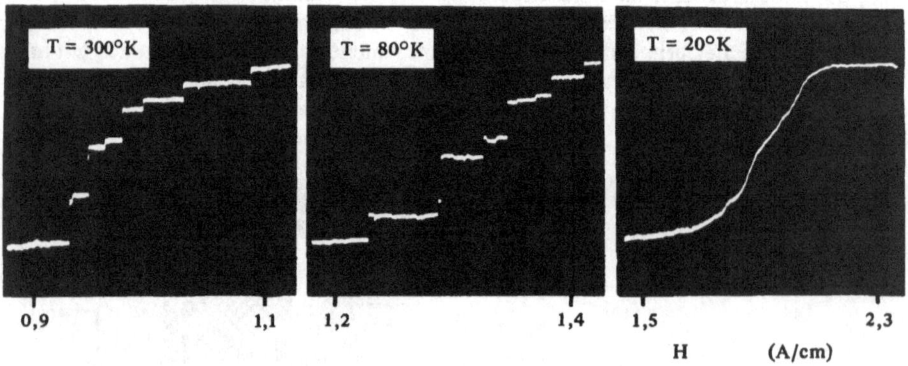

Abb. 42 Ummagnetisierung einer Permalloyschicht bei verschiedenen Temperaturen. Ordinate: Ummagnetisierte Fläche; Abszisse: Zeitproportional ansteigendes Feld (nach SCHEIBE [306])

Die Ummagnetisierung derselben Permalloyschicht im konstanten Feld ist in Abb. 44 dargestellt. Aus den angegebenen Wartezeiten und aus der Verbreiterung des Oszillographen-Leuchtflecks (durch Überbelichtung der Photographie) ist zu erkennen, daß die Ummagnetisierungsgeschwindigkeit im Lauf der Zeit abnimmt (vgl. auch Abb. 43).

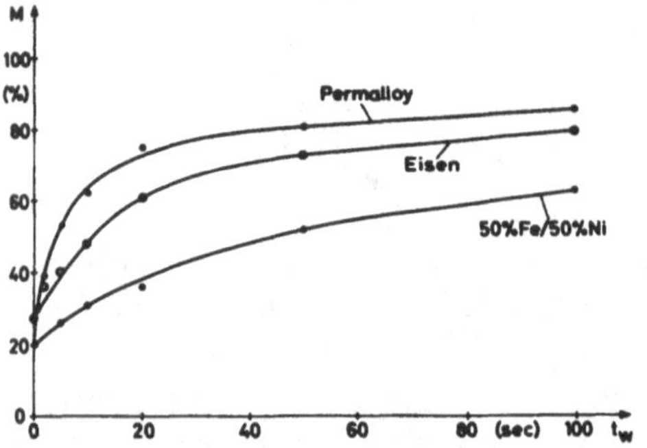

Abb. 43 Prozentsatz der ummagnetisierten Schichtfläche als Funktion der Wartezeit (vgl. Abb. 44 und 39) bei 20°K

Abb. 44 Wandbewegung im konstanten Feld in einer Permalloy Schicht bei 20°K für verschiedene Wartezeiten. Feld- und Magnetisierungsverlauf entsprechen Abb. 39 (Abb. 43 und 44 nach SCHEIBE [306]).

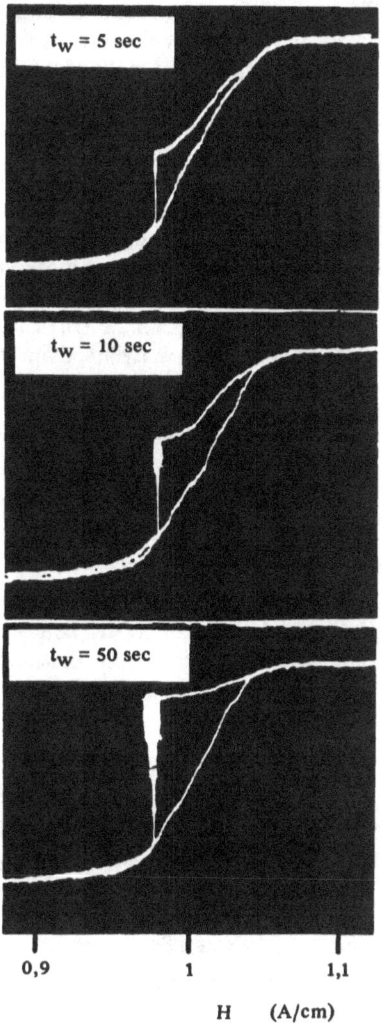

8.3. Elektronenoptische Untersuchungen von 300°K bis 3°K

Im Anschluß an die magnetooptischen Untersuchungen des Verfassers an Eisenschichten auf Glasunterlage wurden von BOSTANJOGLO [243] elektronenmikroskopische Untersuchungen über das Tieftemperaturverhalten dünner Eisenschichten (Dicke 400 Å) durchgeführt. Die Schichten wurden bis 3°K abgekühlt.

Während die BARKHAUSEN-Sprünge bei 300°K größer als 10 μm waren, nahm die mittlere Sprungweite nach Abkühlung unter 30°K auf ca. 0,1 μm ab. Die Länge eines springenden Wandabschnittes beträgt ca. 1 μm. Gleichzeitig stieg das Ausmaß der Wandbewegung im konstanten Feld stark an. Die elektronenmikroskopisch untersuchten Präparate zeigten somit qualitativ das gleiche Verhalten wie die lichtoptisch beobachteten Objekte.

Bei 3°K trat keine Wandstabilisierung auf. Wurde jedoch die Schicht auf 30°K erwärmt und dann wieder auf 3°K abgekühlt, so war die Wandbewegungsfeldstärke erhöht. Ferner beobachtete BOSTANJOGLO, daß sich bei 3°K die Wandbewegungsfeldstärke nicht änderte, wenn Wasserstoff auf der Schicht kondensiert war. Wurde jedoch die Diffusion des Wasserstoffs in die Schicht durch Elektronenbeschuß aktiviert, dann stieg die Wandbewegungsfeldstärke an.

Diese Ergebnisse sind aus folgenden Gründen für die Erklärung der Erscheinung von Bedeutung:

1. Das erzielte hohe laterale Auflösungsvermögen erlaubt die Aussage, daß die Sprungweite auf ca. 0,1 μm absinkt. Bei tiefen Temperaturen liegt also die Sprungweite in der Größenordnung der Wanddicke.

2. Die elektronenmikroskopischen Präparate wurden durch Aufdampfen auf NaCl und Ablösen in Wasser hergestellt und freitragend untersucht. Das Ergebnis zeigt, daß die beobachteten Erscheinungen nicht auf einen Einfluß der Unterlage (mechanische Verspannung der Eisenschicht gegen den Glasträger) zurückzuführen sind.

3. Die Feststellungen über das Auftreten der Wandstabilisierung stützen den Schluß, daß die Wandbewegung durch Richtersche Nachwirkung beeinflußt wird.

4. Die elektronenmikroskopisch untersuchten Schichten sind wesentlich dünner als die lichtoptisch beobachteten Objekte. Die Tieftemperaturerscheinungen sind also nicht an eine bestimmte Schichtdicke und damit auch nicht an einen bestimmten Wandtyp gebunden (in sehr dünnen Schichten treten bevorzugt NÉEL-Wände, in dickeren Schichten BLOCH-Wände auf).

5. Bei 300°K beobachtete BOSTANJOGLO (übereinstimmend mit LIESK [308]) BARKHAUSEN-Sprünge auch in Schichten mit einer Dicke von weniger als 350 Å. Der von SALANSKI, RODITSCHEW und SAWTSCHENKO [309] durch Extrapolation der Messungen an dickeren Schichten gezogene Schluß, daß unter einer Schichtdicke von 350 Å keine BARKHAUSEN-Sprünge auftreten sollten, ist demnach nicht zutreffend.

6. Mit Hilfe einer Fernsehanlage gelang es, die Ummagnetisierung zu filmen [307]. Die mit hoher lateraler Auflösung durchgeführten Aufnahmen zeigen einen bisher unbekannten, sehr komplexen Ablauf der Wandbewegung bei tiefer Temperatur. Dieser besteht wahrscheinlich aus einer sukzessiven Ummagnetisierung kleiner Gebiete (durch Rotation) und nachfolgender Neubildung von Wandabschnitten.

8.4. Induktive Messungen

Sollen schnelle Ummagnetisierungsvorgänge mit hoher Zeitauflösung untersucht werden, muß die obere Grenzfrequenz des Übertragungskanals entsprechend hoch gewählt werden, wodurch sich die Störung des Signals durch das Rauschen erhöht. Daher sind magnetooptische Methoden ungünstig, weil das Signal unabhängig von der Geschwindigkeit des Ummagnetisierungsvorgangs ist und deshalb mit steigender Bandbreite im Rauschen untergeht. Das gleiche gilt sinngemäß für die elektronenoptische Messung.

Bei induktiven Messungen steigt dagegen das Signal proportional zur Geschwindigkeit des Ummagnetisierungsvorgangs, so daß das Signal/Rausch-Verhältnis nicht verschlechtert wird. (Umgekehrt werden langsame Vorgänge, wie die Warteexperimente in Abschnitt 8.1.4. vorteilhaft magnetooptisch untersucht, da das sehr geringe induzierte Signal im Eingangsrauschen des Verstärkers untergehen würde).

Daher wurden die magnetooptischen Untersuchungen durch induktive Messungen ergänzt, um den Ablauf der Ummagnetisierung mit höherer Zeitauflösung beobachten zu können [310]. Die Schichten wurden in eine Suchspule gebracht, in der die Änderung des magnetischen Flusses eine Spannung induziert. Die Zeitkonstante der Spule und der angeschlossenen Verstärker betrug 0,5 μs und war damit kleiner als die hier beobachteten Sprungdauern von mindestens 2 μs. Die induzierte Spannung ist daher proportional zur Änderung des magnetischen Flusses (direkte induktive Methode – im Gegensatz zur ballistischen Methode in Abschnitt 12).

Die durch die Änderung des äußeren Magnetfeldes in der Suchspule induzierte Spannung ist (wegen der geringen Schichtdicke) wesentlich größer als das von der Schicht hervorgerufene Signal. Zur Kompensation wird daher eine zweite Spule ohne Schicht demselben Feld ausgesetzt und ihr Signal über einen Differenzverstärker dem Signal der ersten Spule entgegengeschaltet. Beide Spulen befinden sich in einem Dewargefäß, das mit flüssigem Stickstoff bzw. Helium gefüllt werden kann. Zeitkonstante und Empfindlichkeit der Spulen ändern sich durch die Abkühlung nicht.

Bei tiefer Temperatur steigt die Koerzitivfeldstärke der Schichten. Zur periodischen Ummagnetisierung wurde daher kein Sinusfeld verwendet, da in diesem Fall die Feldänderungsgeschwindigkeit von der Höhe des Feldes abhinge. Die Schicht würde dann bei tiefer Temperatur (hoher Koerzitivfeldstärke) mit einer geringeren Feldänderungsgeschwindigkeit ummagnetisiert werden als bei hoher Temperatur. Dieser Einfluß würde die Messung des eigentlichen Temperatureffektes verfälschen. Daher wurde ein zeitproportional variierendes Feld (Sägezahn) verwendet, so daß die Feldänderungsgeschwindigkeit konstant und vom Wert der jeweiligen Koerzitivfeldstärke unabhängig ist.

Um den Übergang von der sprunghaften zur kontinuierlichen Wandbewegung verfolgen zu können, muß die Feldfrequenz geeignet gewählt werden. Einerseits muß die Feldfrequenz so hoch sein, daß die kontinuierliche Ummagnetisierung noch ein Signal erzeugt, das sich aus dem Rauschen heraushebt. Andererseits muß die Feldfrequenz so gering sein, daß die BARKHAUSEN-Sprünge noch zeitlich getrennt werden können. Zahlenbeispiel: Bei einer Feldfrequenz von 5 Hz dauert ein Ummagnetisierungszyklus 200 ms; die steile Flanke der Hysterese, auf der die Ummagnetisierung stattfindet, wird in ca. 5 ms durchlaufen. Während dieser Zeit können die Sprünge mit einer Dauer von 2 μs gut getrennt werden. Dagegen findet bei einer Feldfrequenz von 1 kHz die Ummagnetisierung in 25 μs statt, so daß sich die Sprünge durch zufällige Koinzidenzen überlagern. Tatsächlich nimmt das Induktionssignal bei einer Feldfrequenz über 1 kHz einen kontinuierlichen Verlauf an.* Es kann daraus aber nicht entschieden werden, ob eine kontinuierliche Wandbewegung oder eine Überlagerung zahlreicher Sprünge vorliegt. Daher wurden die Untersuchungen mit Feldfrequenzen von 1 bis 50 Hz durchgeführt.

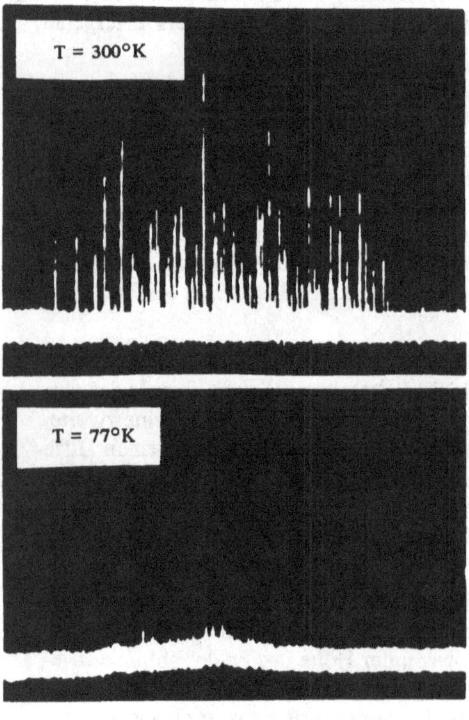

Abb. 45 Ummagnetisierungssignal einer Eisenschicht. Ordinate: Induzierte Spannung (willkürliche Einheiten). Abszisse: Zeitproportional ansteigendes Feld. Die Breite des Bildes entspricht 7 A cm^{-1}; die Feldänderungsgeschwindigkeit ist $dH/dt = 1{,}72 \cdot 10^2$ A cm^{-1} s^{-1} (Abb. 45 bis 51 nach KUHLOW [310])

Das mit einer Feldfrequenz von 1 Hz aufgenommene Ummagnetisierungssignal einer Eisenschicht ist in Abb. 45 dargestellt. Während bei 300°K zahlreiche Sprünge zu erkennen sind, ist bei 77°K das Signal der quasikontinuierlichen Ummagnetisierung so gering, daß es fast völlig im Rauschen untergeht.

* Diese bei Zimmertemperatur beobachtete Erscheinung wurde auch von ECKARDT berichtet [311].

In Kontrollversuchen wurde die Ummagnetisierung derselben Schicht auch magnetooptisch untersucht und festgestellt, daß die Ummagnetisierung im gesamten Temperaturbereich durch Wandverschiebung erfolgt. Das bei 77°K beobachtete geringe Induktionssignal ist also nicht darauf zurückzuführen, daß der Vorgang der Wandverschiebung infolge der Abkühlung in den der quasistetigen Rotation überginge.

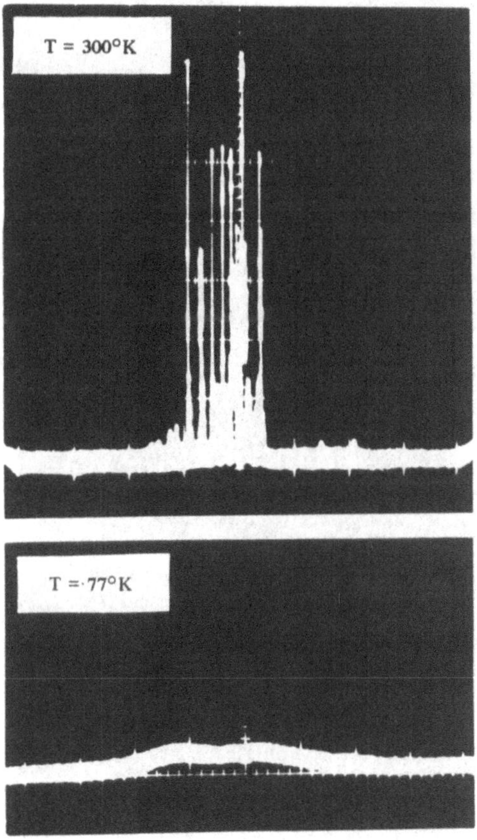

Abb. 46 Ummagnetisierungssignal einer Kobaltschicht (vgl. Abb. 45). Bildbreite entspricht 10,5 A cm^{-1}; $dH/dt = 2{,}4.10^3$ A cm^{-1} s^{-1}

Die gleiche Verminderung des Barkhausen-Effekts durch Abkühlung wurde hier erstmals auch an Kobaltschichten festgestellt (Abb. 46).

Durch die induktiven Messungen wurde – ebenso wie bei den magnetooptischen Beobachtungen – die Reproduzierbarkeit des Effektes sichergestellt: Nach Erwärmung der Schicht trat der Barkhausen-Effekt wieder in gleicher Stärke auf wie vor der Abkühlung. Abkühlung und Erwärmung konnten beliebig oft wiederholt werden, ohne daß sich der Zusammenhang zwischen Barkhausen-Effekt und Temperatur änderte.

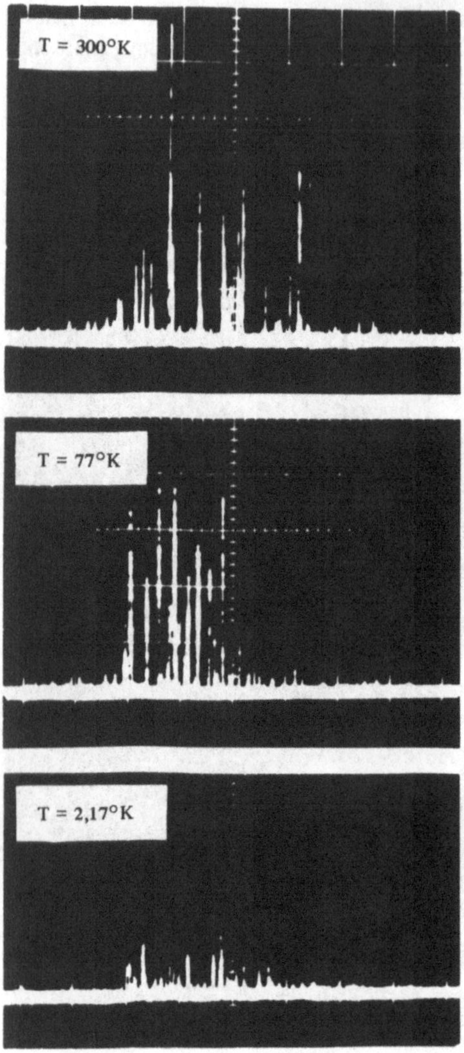

Abb. 47 Ummagnetisierungssignal einer Permalloyschicht (vgl. Abb. 45). Bildbreite 1,7 A cm^{-1}; dH/dt = 40 A cm^{-1} s^{-1}

Permalloyschichten zeigten (in Übereinstimmung mit den Beobachtungen in 8.2.) bei Abkühlung bis 77°K keine Verminderung des BARKHAUSEN-Effekts. Daher wurden auch die induktiven Messungen in den Bereich der Helium-Temperaturen ausgedehnt. Bei 4,2°K war eine starke Reduktion des BARKHAUSEN-Effekts zu beobachten. Durch Abpumpen wurde der λ Punkt unterschritten. Im Temperaturbereich von 4,2°K bis 2,17°K wurde keine weitere Veränderung des Ummagnetisierungsverhaltens festgestellt (Abb. 47).

Nachdem die Verminderung des BARKHAUSEN-Effekts durch Abkühlung an allen untersuchten Schichten festgestellt worden war (Abb. 45–47), wurde die Feldänderungsgeschwindigkeit erhöht, um auch das quasikontinuierliche Signal aus dem Rauschen herauszuheben. Hierdurch kann der Ablauf einzelner Sprünge besser verfolgt werden.

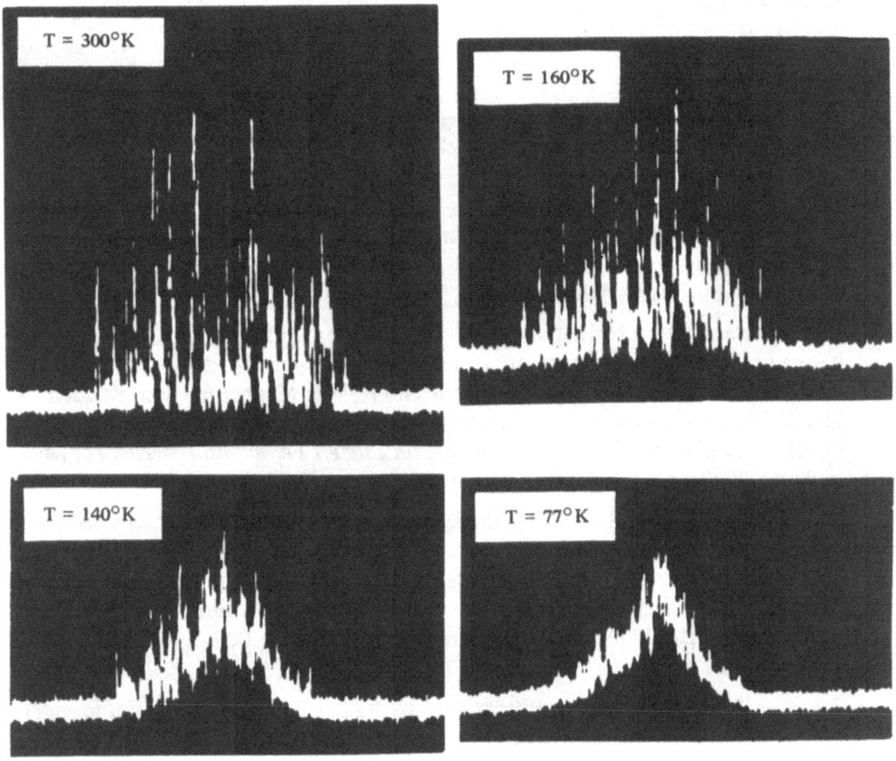

Abb. 48 Ummagnetisierungssignal einer Eisenschicht. Die Feldänderungsgeschwindigkeit ist gegenüber Abb. 45 verzehnfacht.

Das Ergebnis einer typischen Meßreihe ist am Beispiel einer Eisenschicht in Abb. 48 dargestellt. Bei 300°K verläuft die Ummagnetisierung in zahlreichen Sprüngen. Zwischen den Spannungsspitzen fällt das Signal auf Null ab. Bei 300°K gibt es also Zeiten, in denen trotz der Änderung des äußeren Feldes keinerlei Magnetisierungsänderung stattfindet. *Die Wand kommt zwischen den Sprüngen völlig zur Ruhe.*

Während die Höhe der Sprungsignale mit sinkender Temperatur abnimmt, tritt ein kontinuierliches Signal auf, das im Verlauf der Ummagnetisierung nicht auf Null zurückgeht. Es findet also stets eine Magnetisierungsänderung statt. *Bei tiefer Temperatur kommt die Wand nicht zur Ruhe.*

Mit sinkender Temperatur nimmt die Höhe der Spannungsspitzen ab, während die Anstiegszeit der Sprünge nahezu konstant bleibt.

Die Verminderung des BARKHAUSEN-Effekts bei tiefer Temperatur kommt also primär durch eine Verminderung der Sprunggröße und nicht durch eine Verlangsamung des Sprungablaufs zustande. Die Sprünge werden demnach nicht durch einen bei tiefer Temperatur auftretenden (bisher unbekannten) Dämpfungsmechanismus verlangsamt.

8.5. Sonderstellung der Nickelschichten*

Die untersuchten Schichten aus Eisen, Permalloy und Kobalt zeigen prinzipiell das gleiche Verhalten: Bei 300°K starken BARKHAUSEN-Effekt und geringe Wandbewegung im konstanten Feld, bei tiefer Temperatur geringen BARKHAUSEN-Effekt und starke Wandbewegung im konstanten Feld.

Im Gegensatz hierzu verhalten sich Nickelschichten völlig anders [312]: Sie haben im ganzen Temperaturbereich nur einen geringen BARKHAUSEN-Effekt und eine starke Wandbewegung im konstanten Feld. Magnetooptisch wurden hier Ummagnetisierungszeiten im konstanten Feld bis zu einer halben Stunde beobachtet. *Nickelschichten verhalten sich im ganzen Temperaturbereich so, wie andere Schichten nur bei tiefer Temperatur.*

Wegen der fehlenden BARKHAUSEN-Sprünge ist das induzierte Signal so gering, daß es nur durch eine erhöhte Feldänderungsgeschwindigkeit aus dem Rauschen herausgehoben werden konnte. Abb. 49 zeigt, daß das induzierte Signal bei allen Temperaturen nahezu stetig ist. Mit sinkender Temperatur nimmt die Signalhöhe ab, da das Feldstärkeintervall der Ummagnetisierung (und die Koerzitivfeldstärke) zunimmt.

Somit stellt sich die Frage, wodurch sich die Nickelschichten von den unter gleichen Aufdampfbedingungen (Temperatur, Druck, Unterlage) hergestellten Schichten anderer Substanzen unterscheiden. Es ist bemerkenswert, daß die Temperatur der Unterlage beim Aufdampfen und das Material der Unterlage keinen wesentlichen Einfluß auf die Temperaturabhängigkeit des Ummagnetisierungsvorgangs haben. BOSTANJOGLO [243] stellte ferner fest, daß auch der Reinheitsgrad des verwendeten Materials sowie der Druck in der Aufdampfapparatur (10^{-4} bis 10^{-8} Torr) keinen entscheidenden Einfluß ausüben. Signifikante Unterschiede ergaben sich dagegen stets beim Vergleich der Nickelschichten gegenüber Schichten aus anderen Substanzen.

* Die hier durchgeführten Experimente lassen sich nicht mit HELLENTHALS [222–225] Untersuchungen an Nickelschichten vergleichen. Dort erfolgte die Ummagnetisierung der sehr viel dünneren Schichten durch die unkorrelierte Rotation der Magnetisierung in einzelnen Inseln, die Übergang zum Superparamagnetismus zeigen (5.5.3.); hier findet die Ummagnetisierung der ferromagnetischen Schichten durch Wandverschiebung zwischen einheitlich magnetisierten Bereichen statt.

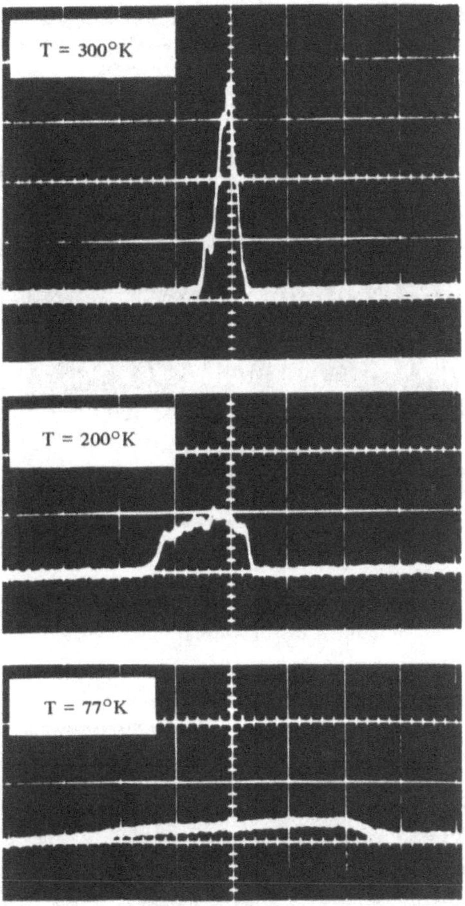

Abb. 49 Ummagnetisierungssignal einer Nickelschicht. Bildbreite entspricht 48 A cm^{-1}; $dH/dt = 1{,}2 \cdot 10^4$ A cm^{-1} s^{-1}

Ein Grund für die Sonderstellung der Nickelschichten wird erkennbar, wenn die Beeinflussung der Wandbewegung durch Richtersche Nachwirkung in Betracht gezogen wird (vgl. 5.3.2. und Abb. 20). Unter diesem Gesichtspunkt zeigt Nickel eine Besonderheit: Es ist unter den untersuchten Substanzen die einzige, die ein reines Metall und kubisch flächenzentriert ist, also die einzige Substanz, in der in erster Näherung keine Richtersche Nachwirkung auftreten kann. (Eisen ist kubisch raumzentriert, Permalloy eine kubisch flächenzentrierte Legierung, Kobalt hexagonal).

Die Verschiedenheit der Ummagnetisierungsmechanismen zeigt sich auch in ihrer Reproduzierbarkeit. Die Ummagnetisierung der Nickelschichten verläuft in jedem Zyklus in nahezu derselben Weise; auf dem Oszillographen entsteht ein fast stehendes Bild (Abb. 50). Die Wände werden also vorwiegend von kleinen, ortsfesten Hindernissen aufgehalten. Dagegen erfolgt die Ummagnetisierung der anderen

Schichten jedes Mal in anderer Weise; der Oszillograph zeigt Rauschen (Abb. 51). Die Wände werden also von großen, zeitlich wechselnden Hindernissen beeinflußt.

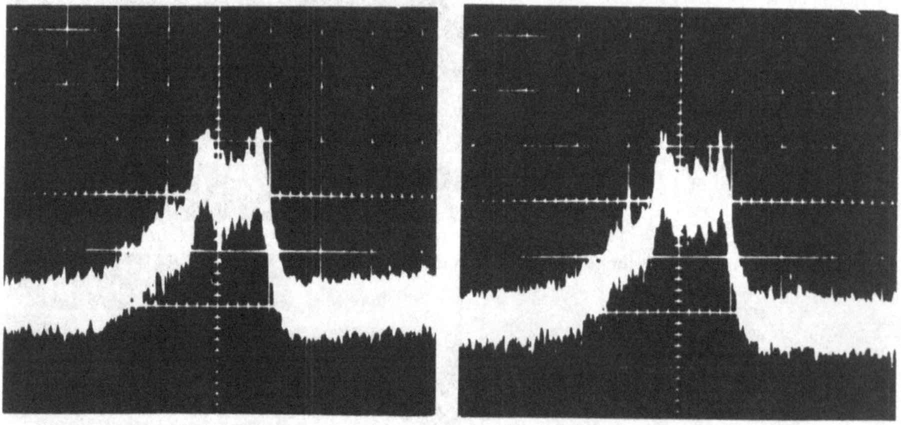

Abb. 50 Ummagnetisierung einer Nickelschicht in zwei aufeinanderfolgenden Zyklen bei 300° K dH/dt = $4{,}8.10^3$ Acm^{-1} s^{-1}

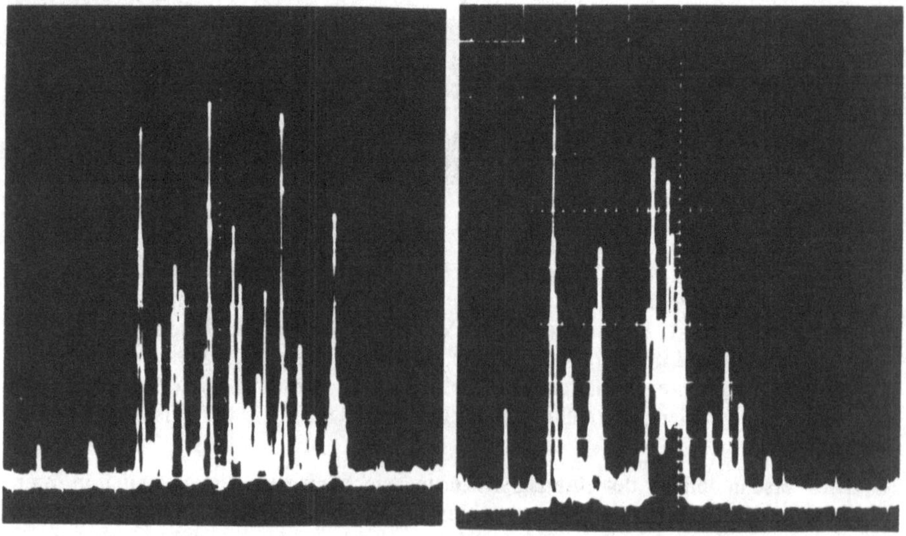

Abb. 51 Ummagnetisierung einer Kobaltschicht in zwei aufeinanderfolgenden Zyklen bei 300° K dH/dt = $2{,}4.10^3$ Acm^{-1} s^{-1}

9. Neues Wandbewegungsmodell

9.1. Einheitliche Deutung von Barkhausen-Effekt und Nachwirkung in dünnen Schichten

Zur Deutung der hier experimentell festgestellten Erscheinungen wird ein neues Wandbewegungsmodell vorgeschlagen, das folgende Tatsachen erklären muß:

1. Das Feldstärkeintervall der Ummagnetisierung ist ungleich Null.

2. Wird eine Schicht in einem zeitlich ansteigenden, räumlich homogenen Feld zu wiederholten Malen ummagnetisiert, so beginnt die Wandbewegung jedesmal an nahezu derselben Stelle der Schicht und setzt sich in ungefähr derselben Weise bis zu den zuletzt erreichten Gebieten der Schicht fort. (Diese Aussage bezieht sich nur pauschal auf den Gesamtablauf der Wandbewegung; sie ist kein Widerspruch zu der in Abschnitt 8.1.2. festgestellten Nichtreproduzierbarkeit des BARKHAUSEN-Effektes, die die Wandbewegung im einzelnen betrifft).

3. Werden *Nickel*schichten in einem zeitlich ansteigenden Feld ummagnetisiert, so erfolgt die Wandbewegung in sehr kleinen Sprüngen; der BARKHAUSEN-Effekt ist gering. Dies gilt im ganzen untersuchten Temperaturbereich.

4. Nickelschichten zeigen im gesamten Temperaturbereich eine starke Wandbewegung im konstanten Feld, die bis zur völligen Ummagnetisierung führt. (Dagegen beträgt bei massivem Material der nachwirkende Anteil der Magnetisierung nur ca. 1 % der Gesamtmagnetisierung).

5. Die Geschwindigkeit dieser Wandbewegung im konstanten Feld nimmt mit fortschreitender Ummagnetisierung ab (vgl. Abb. 43 u. 44).

6. Werden Schichten aus *Eisen, Permalloy oder Kobalt* bei 300°K einem zeitlich ansteigenden Feld ausgesetzt, so erfolgt die Wandbewegung in großen Sprüngen; der BARKHAUSEN-Effekt ist stark ausgeprägt.

7. Werden diese Schichten abgekühlt, so tritt unterhalb einer bestimmten (vom Material abhängigen) Temperatur eine starke Verminderung der mittleren Sprunggröße ein. Der BARKHAUSEN-Effekt dieser Schichten ist bei tiefer Temperatur nahezu so gering wie der BARKHAUSEN-Effekt der Nickelschichten bei jeder Temperatur.

8. In Schichten aus Eisen, Permalloy oder Kobalt findet bei 300°K nur eine geringe Wandbewegung im konstanten Feld statt; sie erfaßt nur einen kleinen Teil der Schicht und kommt nach kurzer Zeit zum Stillstand.

9. Die Wandbewegung im konstanten Feld erfaßt bei 300°K um so größere Teile der Schicht (und kann daher um so besser beobachtet werden), je schneller sich die Wand bewegt (10.1.).

10. Werden die genannten Schichten abgekühlt, so findet eine starke Wandbewegung im konstanten Feld statt, die bis zur völligen Ummagnetisierung der Schicht führt. Die Schichten verhalten sich also bei tiefer Temperatur so wie Nickelschichten bei jeder Temperatur.

11. Die Intensität des BARKHAUSEN-Effekts und das Ausmaß der Wandbewegung im konstanten Feld zeigen eine gegenläufige Temperaturabhängigkeit.

12. Die Wandbewegungsfeldstärke nimmt zu, wenn eine Wand längere Zeit (10 bis 100 s) an einem Ort der Schicht ruht. Diese Erscheinung wurde in dem Temperaturbereich festgestellt, in dem der BARKHAUSEN-Effekt des betreffenden Materials abnimmt. Bei wesentlich tieferer Temperatur (3°K) wurde sie nicht beobachtet.

Das neue Wandbewegungsmodell beruht auf folgenden drei *Voraussetzungen:*

a) Die durch die Inhomogenität der Schicht bedingten, primär magnetischen Wandbewegungshindernisse (Potentialberge) haben einen Abstand von 1 μm oder weniger. Diese Annahme ist sinnvoll, da die Wandbewegung am stärksten von den Hindernissen beeinflußt wird, deren Abstand bzw. Ausdehnung in der Größenordnung der Wanddicke liegt.

b) Die Wandbewegungshindernisse haben in verschiedenen Gebieten der Schicht unterschiedliche Höhe; der Höhenunterschied zwischen dem größten und dem kleinsten Berg ist jedoch wesentlich geringer als bei massivem Material. Die größere Homogenität der dünnen Schichten kommt in der steileren Flanke ihrer Hystereseschleife zum Ausdruck (Abb. 11).

c) Die Wandbewegung in dünnen Schichten wird durch Richtersche Nachwirkung beeinflußt. Diese entscheidend neue Annahme wird durch die in Abschnitt 8.1.4. festgestellte Wandstabilisierung nahegelegt.

Der wesentliche Punkt des Wandbewegungsmodells ist das Zusammenspiel der primär magnetischen Wandbewegungshindernisse (die auf die Wand zu jeder Zeit und bei jeder Geschwindigkeit wirken), mit der Richterschen Nachwirkung, die eine zeit- und geschwindigkeitsabhängige Veränderung des Potentialverlaufs verursacht.

Auf Grund dieser Voraussetzungen läßt sich die Wandbewegung in dünnen Schichten folgendermaßen verstehen:

In Abb. 52 ist eine Folge von Potentialbergen zunehmender Höhe gezeichnet. Die unterschiedliche Höhe der Berge kann z.B. durch einen Dickegradienten der Schicht entstehen. Ist der Entmagnetisierungsfaktor der Schicht ungleich Null, so hat die mit fortschreitender Ummagnetisierung eintretende Abnahme des wirksamen Feldes denselben Einfluß wie eine Erhöhung der Berge. Zur näherungs-

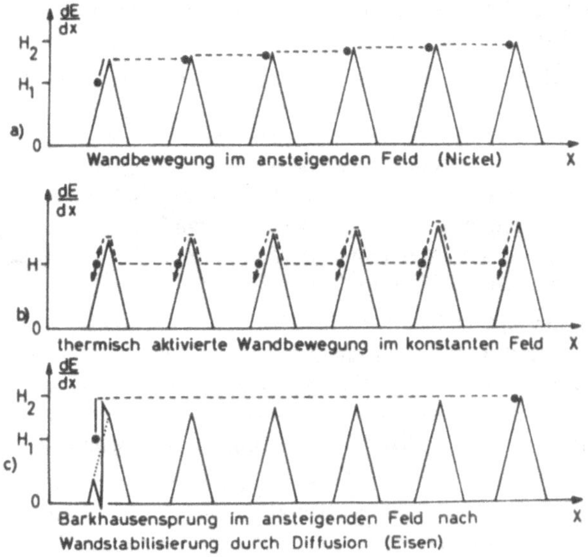

Abb. 52 Wandbewegungsmodell zur einheitlichen Erklärung von BARKHAUSEN-Effekt und Nachwirkung

weisen Berechnung des Entmagnetisierungsfaktors siehe [75,313,314]. In einem mechanischen Modell (Abb. 7) kann der Einfluß des Entmagnetisierungsfaktors entweder dadurch berücksichtigt werden, daß die Berge des dE/dx Verlaufs proportional zu der vom Wagen zurückgelegten Strecke angehoben werden, oder daß im E(x) Gebirge die horizontal wirkende Kraft durch eine Feder realisiert wird, deren Spannung infolge der Bewegung des Wagens abnimmt.

Abb. 52 entspricht Abb. 28, in der die Potentialberge des massiven Materials dargestellt waren, jedoch ist hier voraussetzungsgemäß der Höhenunterschied der Berge viel kleiner als beim massiven Material. Die untere Hälfte des Potentialgebirges ist aus Platzgründen nicht gezeichnet.

Es werden zunächst Nickelschichten betrachtet, in denen – wie in Abschnitt 5.3.2. dargelegt – in erster Näherung keine Richtersche Nachwirkung auftritt. Wird eine solche Schicht einem ansteigenden Feld ausgesetzt, das vom Wert H_1 auf den Wert H_2 gesteigert wird (Abb. 52 a), so werden die Berge unter der alleinigen Wirkung des äußeren Feldes überwunden. Der Höhenunterschied der Berge entspricht dem Feldstärkeintervall der Ummagnetisierung (Punkt 1 der Forderungen). Die Wandbewegung beginnt bei den kleinsten und endet bei den größten Bergen (Punkt 2). Die X-Koordinate in Abb. 52 braucht nicht notwendig monoton mit einer Koordinate auf der Schicht zuzunehmen, sondern richtet sich nach der Reihenfolge der Berghöhen.

Die Ummagnetisierung geschieht in kleinen Sprüngen von einem Berg zum nächsthöheren. Wegen des geringen Abstands der primär magnetischen Potentialberge sind die Sprünge so klein, daß die Wandbewegung als nahezu kontinuierlich erscheint. Der BARKHAUSEN-Effekt ist also gering (Punkt 3).

Wird dieselbe Schicht einem konstanten Feld ausgesetzt, das zur Überwindung der Berge nicht ausreicht (Abb. 52 b), so kann die Wand die Berge nach genügend langer Wartezeit durch thermische Aktivierung überwinden (Punkt 4). Hierbei werden die ersten Berge schnell überstiegen, weil die Differenz zwischen der Höhe des Berges und der Höhe, die die Wand durch das Feld erreicht hat, gering ist. Mit fortschreitender Bewegung gelangt die Wand vor höhere Berge, die erst nach längerer Wartezeit überwunden werden können. Die Wandgeschwindigkeit nimmt daher im Lauf der Zeit ab (Punkt 5).

Ein wesentlicher Unterschied zwischen den dünnen Schichten und dem massiven Material liegt somit in der unterschiedlichen Differenz der Berghöhen. In dünnen Schichten sind die Höhenunterschiede gering, so daß die Wandgeschwindigkeit im Lauf der Ummagnetisierung um nur etwa eine Größenordnung absinkt. Daher wird im Experiment eine vollständige Ummagnetisierung beobachtet.

Dagegen sind im massiven Material die Berghöhen so unterschiedlich, (vgl. Abb. 11 und 28), daß die Wandgeschwindigkeit um viele Zehnerpotenzen abnimmt. Die kleinsten Berge werden nach Bruchteilen von Sekunden, die größeren erst nach Jahren überwunden, so daß im Laborexperiment nur eine Nachwirkung der Magnetisierung in der Größenordnung von 1 % beobachtet wird (Punkt 4, siehe auch Abschnitt 9.2.).

Wird eine Schicht aus Eisen, Permalloy oder Kobalt einem ansteigenden Feld ausgesetzt (Abb. 52 c), so tritt, während die Wand vor der Flanke eines Berges ruht, als Folge der Richterschen Nachwirkung Wandstabilisierung durch Diffusion von Gitterstörstellen ein. Hierdurch wird (vgl. Abb. 17) der Potentialberg angehoben, so daß die Wand den Berg erst in einem wesentlich höheren Feld überwinden kann. Hat das äußere Feld diesen Wert erreicht, so bewegt sich die Wand in einem großen Sprung über eine weite Strecke der Schicht bis zu einem primär magnetischen Berg, der höher ist als der durch Stabilisierung erhöhte zu Anfang des Sprunges. Der BARKHAUSEN-Effekt in den genannten Schichten kommt somit dadurch zustande, daß sich die Wand in kurzen *Ruhe*pausen durch Richtersche Nachwirkung stabilisiert und so selbst erhöhte Hindernisse schafft. Die *bewegte* Wand kann dann nur durch ein noch höheres primär magnetisches Hindernis aufgehalten werden, so daß ein großer Sprung (starker BARKHAUSEN-Effekt) resultiert (Punkt 6).

Der BARKHAUSEN-Effekt ist somit zu einem großen Teil als eine Relaxationsschwingung aufzufassen, entsprechend den Schwingungen eines Systems, in dem die Haftreibung größer ist als die Gleitreibung (Anstreichen einer Geigensaite).

Die beste mechanische Analogie, die dem BARKHAUSEN-Effekt bis in atomare Dimensionen entspricht, ist der PORTEVIN-LE CHATELIER-Effekt, bei dem die Dehnung eines Werkstoffs infolge der Stabilisierung der Versetzungen ebenso sprunghaft erfolgt wie die Ummagnetisierung infolge der Stabilisierung der Wände.

Die Erhöhung eines Wandbewegungshindernisses durch Stabilisierung kann nur eintreten, wenn die Ruhezeit der Wand vor einem Hindernis größer ist als die Zeit, die für die Diffusion erforderlich ist. Mit sinkender Temperatur geschieht die Diffusion der Gitterstörstellen immer langsamer, so daß unterhalb einer bestimmten, vom Material abhängigen Temperatur keine genügend schnelle Erhöhung der Berge mehr auftreten kann. *Bei tiefer Temperatur verschwindet der BARKHAUSEN-Effekt, weil sich die Wand unter der Wirkung des äußeren Feldes schneller bewegt als sich der vor ihr liegende Berg durch Diffusion der Gitterstörstellen erhöht* (Punkt 7). Es gilt dann nicht mehr Abb. 52 c, sondern Abb. 52 b. Dieses Verhalten ist analog zum Verschwinden des PORTEVIN-LE CHATELIER-Effekts bei tiefer Temperatur (Abb. 31).

Die Wandstabilisierung behindert nicht nur die Wirkung des äußeren Feldes, sondern auch die thermische Aktivierung (vgl. Abschnitt 5.6.). Daher zeigen Schichten aus Eisen, Permalloy und Kobalt bei 300°K nur eine geringe Wandbewegung im konstanten Feld, da die Wand sehr schnell durch Diffusionsnachwirkung stabilisiert wird und dann dem Einfluß des inneren Schwankungsfeldes nicht mehr folgen kann (Punkt 8). Wird dagegen durch Temperaturerniedrigung der Einfluß der Wandstabilisierung vermindert, so bleibt die Wand weitgehend frei und kann sich unter dem Einfluß der thermischen Schwankungen bis zur völligen Ummagnetisierung der Schicht bewegen (Punkt 10).

Der Einfluß der Richterschen Nachwirkung erklärt somit auch die gegenläufige Temperaturabhängigkeit des BARKHAUSEN-Effekts und der Wandbewegung im konstanten Feld (Punkt 11).

Wird der Einfluß des Schwankungsfeldes ausgeschaltet, indem das äußere Feld abgesenkt wird, so behält die Wand ihre Lage bei. Dann kann auch in dem Temperaturbereich, in dem der BARKHAUSEN-Effekt abnimmt, eine Wandstabilisierung eintreten, so daß nach langer Wartezeit eine erhöhte Wandbewegungsfeldstärke beobachtet wird. Bei wesentlich tieferer Temperatur (3°K) erfolgt jedoch die Diffusion so langsam, daß innerhalb der Experimentierzeit keine Stabilisierung festgestellt werden kann (Punkt 12).

Das mechanische Analogon zur Erhöhung der Wandbewegungsfeldstärke durch das Verweilen der Wand an einem Platz ist die „Reckalterung“. Hierbei erhöht sich die zur Dehnung eines Werkstoffs erforderliche Spannung, wenn sich die Versetzungen während einer Pause des Dehnungsversuches durch Diffusion stabilisieren.

Je schneller sich die Wand bewegt, desto weniger wird ihre Bewegung durch Stabilisierung behindert. Daher kann auch bei 300°K die Schicht im konstanten Feld durch thermische Aktivierung ummagnetisiert werden, wenn das äußere Feld hoch genug (und dadurch die Wand schnell genug) ist. Diese Tatsache ermöglicht die Messung der thermisch aktivierten Wandbewegung in Eisenschichten bei 300°K (vgl. 10.1.). Wird jedoch das äußere Feld und damit die Wandgeschwindigkeit vermindert, so tritt Stabilisierung auf, so daß die Wand nach kurzer Laufstrecke zum Stillstand kommt und die Messung der thermisch aktivierten Wandbewegung unmöglich wird (Punkt 9).

Sofern Schichten antiferromagnetische Bestandteile enthalten, tritt nach Unterschreiten des NÉEL-Punktes die „außergewöhnliche Nachwirkung" auf (vgl. Abschnitt 3.2.6.). Der Einfluß dieser Erscheinung auf den Mechanismus der Wandbewegung, den BARKHAUSEN-Effekt und die Nachwirkung ist zu beachten. Hierdurch entsteht z.B. ein zeitabhängiges Verhalten der kritischen Ummagnetisierungskurve und der Koerzitivfeldstärke [67, 310].

9.2. Einheitliche Erklärung der thermisch aktivierten Nachwirkung in dünnen Schichten und massivem Material

a) Nach STREET und WOOLLEY [206–208] (bgl. 5.5.4.2.) gilt bei massivem Material für die nach einer sprunghaften Feldänderung nachwirkende Magnetisierung

$$M(t) \sim \frac{T}{V} \ln t + \text{const} \tag{46}$$

Die nachwirkende Magnetisierung ist *proportional zum Logarithmus der Zeit, proportional zur Temperatur und unabhängig von der Feldstärke.*

b) Nach STACEY [209] (vgl. 5.5.1.) ist die Wandgeschwindigkeit in dünnen Schichten

$$v = v_o \exp \frac{2MV}{kT} (H - H_o) \qquad \text{für } H < H_o \tag{47}$$

Da die Geschwindigkeit konstant ist, ist die ummagnetisierte Fläche der Schicht *proportional zur Zeit und hängt exponentiell von Temperatur und Feld ab.*

c) Die Ummagnetisierung dünner Schichten aus kleinen ferromagnetischen Teilchen unter dem Einfluß eines konstanten, der ursprünglichen Magnetisierungsrichtung entgegengesetzten Feldes h geschieht nach HELLENTHAL [222] und WOHLFARTH [226] (vgl. 5.5.3.) gemäß der Zeitabhängigkeit

$$M(t)/M_s = -1 + 2 \exp(-t/\tau) \tag{48}$$

$M(t)$: zeitabhängige Gesamtmagnetisierung der Schicht; M_s: Sättigungsmagnetisierung; τ: Zeitkonstante.

Speziell für die Zeit t_o, nach der der pauschal entmagnetisierte Zustand erreicht ist, gilt

$$t_o = \text{const} \exp \frac{VM}{kT} \left(\frac{H_K}{2} - h\right) \tag{49}$$

Die Nachwirkung der Magnetisierung verläuft nach einer *Exponentialfunktion der Zeit,* die Zeit bis zum Erreichen der Entmagnetisierung hängt *exponentiell von der Temperatur und dem Feld ab.*

Durch diese völlig verschiedene Abhängigkeit der Nachwirkungsvorgänge von Zeit, Temperatur und Feld entsteht der Eindruck, es handele sich um gänzlich verschiedene Vorgänge. Daher sind die Effekte in der Literatur bisher getrennt behandelt worden. Im folgenden wird gezeigt, daß alle genannten Erscheinungen durch denselben Mechanismus erklärt werden können, der sich je nach den Eigenschaften des Materials in verschiedener Weise auswirkt.

Hierzu werde zunächst die thermisch aktivierte Wandbewegung in einer Schicht betrachtet und – als Erweiterung der Theorie von STACEY – die Inhomogenität der Schicht berücksichtigt. STACEY nimmt für die ganze Schicht einen konstanten Wert der Wandbewegungsfeldstärke H_o an. Tatsächlich sind jedoch die Schichten inhomogen; deshalb wird hier eine Ortsabhängigkeit der Wandbewegungsfeldstärke in Rechnung gestellt. In erster Näherung wird angenommen, daß H_o eine lineare Funktion der Ortskoordinate ist; die Höhe der Wandbewegungshindernisse nimmt gemäß Abb. 52 zu.

Daraus folgt für die Wandgeschwindigkeit als Erweiterung der Gl. 47 die *allgemeine Beziehung*

$$v = v_o \exp \frac{2MV}{kT} (H - H_{o\,min} - \gamma x) \tag{50}$$

Der Faktor γ beschreibt das Ansteigen der Wandbewegungsfeldstärke über ihren Minimalwert $H_{o\,min}$, also die Inhomogenität der Schicht. Ist der Entmagnetisierungsfaktor der Probe ungleich Null, so nimmt das wirksame Feld während der Ummagnetisierung ab. Dieser Effekt hat denselben Einfluß wie eine Erhöhung von H_o. Somit ist nach Gl. 50 die Wandgeschwindigkeit auch eine Funktion des Ortes. Als Lösung der Gl. 50 ergibt sich für die Ortskoordinate (mit der Anfangsbedingung $x = 0$ für $t = 0$)

$$x = \frac{kT}{2MV\gamma} \ln \left[1 + v_o \frac{2MV\gamma}{kT} t \exp \frac{2MV}{kT} (H - H_{o\,min})\right] \tag{51}$$

Es lassen sich drei Fälle unterscheiden:

a) *verschwindende Inhomogenität* ($\gamma \to 0$). Für die Annäherung an die ideal homogene Schicht geht Gl. 51 im Grenzwert $\gamma \to 0$ über in

$$x = t\, v_o \exp \frac{2MV}{kT} (H - H_{o\,min}), \tag{52}$$

beschreibt also den von STACEY angenommenen Spezialfall.

b) *geringe Inhomogenität* ($\gamma = 0{,}25$). Dieser Fall liegt in realen dünnen Schichten vor. Typische Zahlenwerte für Gl. 50 sind

$$v = 10^{10} \cdot 10^{4(7{,}5 - 10 - 0{,}25\,x)} \tag{53}$$

Auf einer Schichtlänge von 1 cm nimmt H_0 von 10 auf 10,25 A cm^{-1} zu und dementsprechend die Geschwindigkeit von 1 auf 0,1 cm s^{-1} ab*. Es ist daher sinnvoll, zumindest in kleinen Gebieten der Schicht eine mittlere Geschwindigkeit der Wandbewegung zu messen und der Diskussion die Näherung der homogenen Schicht zu Grunde zu legen (vgl. Abb. 44).

c) *starke Inhomogenität* ($\gamma = 4$). Dieser Fall liegt in massivem Material vor, in dem das Feldstärkeintervall der Ummagnetisierung wesentlich größer ist als in dünnen Schichten (vgl. Abb. 11). Die Wandbewegungsfeldstärke steige von 8 auf 12 A cm^{-1} an; für H = 7,5 A cm^{-1} variiert dann die Wandgeschwindigkeit von 10^8 bis 10^{-8} cm s^{-1}. Beginn und Ende der Ummagnetisierung sind somit der Beobachtung im Laborversuch entzogen (Fall der großen Zeitkonstantenstreuung, vgl. 5.1.). In Gl. 51 kann (wegen des großen Wertes von v_0) für nicht zu kleine Zeiten die 1 im Argument des Logarithmus vernachlässigt werden; es folgt

$$x = \frac{T}{V}\,\frac{k}{2M\gamma} \cdot \ln t + \text{const} \qquad (54)$$

Gl. 54 hat die Form, die von STREET und WOOLLEY für die Nachwirkung des massiven Materials angegeben wurde. Die Zeitabhängigkeit ist logarithmisch, die Temperatur tritt nicht mehr in Exponenten, sondern nur noch als Faktor, die Feldstärke gar nicht auf.

Damit ist gezeigt, daß die nachwirkende Wandbewegung in dünnen ferromagnetischen Schichten und im massiven Material als zwei Grenzfälle desselben Vorgangs angesehen werden können, die sich nur durch die verschiedene Homogenität des Materials unterscheiden.

Der Vergleich zwischen der Ummagnetisierung dünner ferromagnetischer Schichten (Gl. 47) und dünnen Schichten aus kleinen ferromagnetischen Teilchen (Gl. 49) zeigt, daß (abgesehen von der konventionell verschiedenen Bezeichnungsweise) die Wandgeschwindigkeit bzw. die Zeit zum Erreichen des pauschal entmagnetisierten Zustands die *gleiche Feld- und Temperaturabhängigkeit* haben. Diese Tatsache ist darauf zurück zu führen, daß in beiden Fällen homogenes Material, d. h. gleiche Höhe der Energieschwellen für die Wandbewegung bzw. für die Rotation der Magnetisierung der kleinen Teilchen angenommen wurde.

Es wurde bereits in 5.6. darauf hingewiesen, daß auch für die Wandbewegung in ferromagnetischen Schichten die Aktivierung eines Volumens (also wahrscheinlich die Rotation der Magnetisierung in einem kleinen Gebiet) als der Elementarvorgang anzusehen ist. Für diese Deutung spricht auch die Beobachtung von COHEN [287], daß in Permalloy Schichten eine thermisch aktivierte Wandbewegung dann auftritt, wenn gleichzeitig mit dem Permalloy Kupfer aufgedampft wurde. COHEN nimmt an, daß das Kupfer sich an der Oberfläche der Permalloy Kristallite sammelt und so die Kopplung zwischen den Kristalliten vermindert. Die so teilweise isolierten Kristallite könnten dann besonders leicht durch ther-

* Diese Rechnung erklärt zwanglos die von BATES und SPIVEY [284] beobachtete starke Abnahme der Wandgeschwindigkeit mit fortschreitender Ummagnetisierung.

mische Schwankungen ummagnetisiert werden und als Folge die Wandbewegung auslösen.

Es ist möglich, daß auch die unterschiedlichen Ergebnisse anderer Autoren hinsichtlich der thermisch aktivierten Wandbewegung (vgl. Abschnitt 7) durch diesen Einfluß unbemerkt gebliebener Fremdstoffe zu erklären sind. BATES, CRAIK und RUSHTON [283] weisen (ohne weitere Erklärung) auf die Bedeutung des Wolframs für die thermisch aktivierte Wandbewegung in Kobaltschichten hin.

Die *verschiedene Zeitabhängigkeit* der Ummagnetisierung ferromagnetischer Schichten (Gl. 47) und der Schichten aus kleinen ferromagnetischen Teilchen (Gl. 48) ist auf die Verschiedenheit des Ummagnetisierungsablaufs zurückzuführen.

In Schichten aus kleinen ferromagnetischen Teilchen (die im Idealfall alle gleich sind), tritt die Rotation der Magnetisierung mit einer Wahrscheinlichkeit auf, die durch den BOLTZMANN-Faktor exp (Energieschwelle/kT) gegeben ist. Da alle Teilchen räumlich unabhängig voneinander rotieren, nimmt die Gesamtmagnetisierung *exponentiell mit der Zeit* ab (analog zum radioaktiven Zerfall).*

Liegt dagegen die räumlich monoton fortschreitende Wandbewegung in einer ferromagnetischen Schicht vor, so ist jeweils nur die Aktivierung desjenigen Teilchens relevant, vor dem sich die Wand gerade befindet. Hat die Wand durch die Aktivierung eines Teilchens den Potentialberg überwunden, muß sie vor dem nächsten Hindernis erneut bis zur Aktivierung des betreffenden Teilchens warten. Da voraussetzungsgemäß alle Hindernisse die gleiche Höhe haben, vergeht im Mittel jedesmal die gleiche Wartezeit, so daß die Wandbewegung mit konstanter Geschwindigkeit erfolgt. Die Ummagnetisierung geschieht daher *proportional zur Zeit.*

* Die gemessene Änderung der Magnetisierung (Abb. 27) zeigt eine weniger starke Zeitabhängigkeit als nach Gl. 48 zu erwarten ist (siehe auch WOHLFARTH [226]), sondern nähert sich mehr dem logarithmischen Zeitverlauf. Dies ist auf die uneinheitliche Größe der Kristallite zurückzuführen.

10. Thermisch aktivierte Wandbewegung in dünnen Schichten

In Abschnitt 8.1.3. wurde qualitativ festgestellt, daß in dünnen Schichten eine Wandbewegung im konstanten Feld stattfinden und zur völligen Ummagnetisierung führen kann. Im folgenden Abschnitt wird die Geschwindigkeit der Wandbewegung quantitativ mit der Theorie von STACEY verglichen.

Hierzu wurde die thermisch aktivierte Wandbewegung in Eisen-, Permalloy- und Nickelschichten gemessen. Alle Schichten wurden durch Aufdampfen auf geheizte Glasträger (350°C) bei einem Druck von weniger als 10^{-4} Torr hergestellt. Die Experimente an Schichten aus verschiedenem Material ergaben in allen wesentlichen Punkten Übereinstimmung, deshalb seien hier die Messungen an Eisenschichten herausgegriffen.

10.1. Geschwindigkeitsabhängigkeit des Wandbewegungsmechanismus

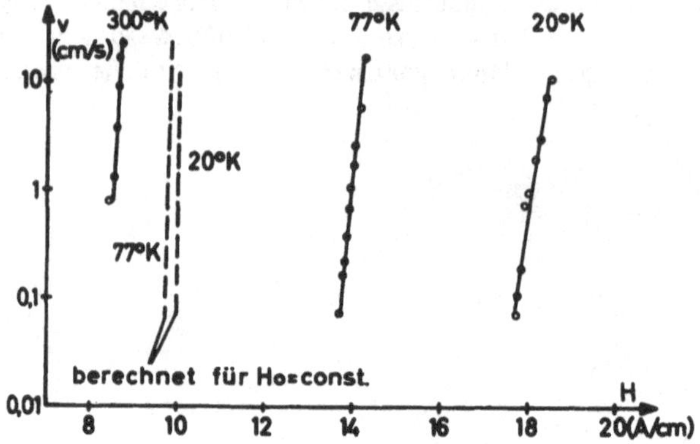

Abb. 53 Geschwindigkeit der thermisch aktivierten Wandbewegung im konstanten Feld in einer Eisenschicht (Dicke 1000 Å) bei verschiedenen Temperaturen. Ausgezogene Geraden: gemessene Werte; gestrichelte Geraden: berechnete Werte (siehe 10.3.) (nach SCHEIBE [306])

An Abb. 53 fällt zunächst auf, daß bei 300°K für Wandgeschwindigkeiten unter 0,8 cm s^{-1} keine Meßpunkte vorliegen. Das liegt daran, daß in Feldern, die diesem Geschwindigkeitsbereich entsprechen würden, keine vollständige Ummagnetisierung der Schicht stattfand, sondern die Wand nach einer kurzen Laufstrecke stehen blieb. In hohen Feldern wurde dagegen eine vollständige Ummagnetisierung beobachtet. Dieses Verhalten ist typisch für Eisen- und Permalloyschichten und wurde in Abschnitt 9 durch die Stabilisierung einer langsam bewegten Wand infolge Richterscher Nachwirkung gedeutet. Die Richtersche Nachwirkung verhindert so den Ablauf der thermisch aktivierten Wandbewegung. Nickelschichten zeigen dagegen im gesamten untersuchten Temperaturbereich auch bei geringer Wandgeschwindigkeit eine vollständige Ummagnetisierung. Auch dieses Verhalten ist im Einklang mit dem in Abschnitt 9 dargestellten Modell.

Die Theorie der thermisch aktivierten Wandbewegung ist also nur anwendbar, wenn die Wandstabilisierung infolge Richterscher Nachwirkung durch tiefe Temperatur oder durch genügend hohe Wandgeschwindigkeit ausgeschlossen wird.

10.2. Feldabhängigkeit der Geschwindigkeit

Nach der Theorie der thermisch aktivierten Wandbewegung von STACEY (Abschnitt 5.5.1.) gilt für die Wandgeschwindigkeit v die Beziehung

$$v = v_o \exp \frac{2MV}{kT} (H - H_o), \qquad \text{für } H < H_o \tag{55}$$

die als Spezialfall in den hier angegebenen allgemeinen Gleichungen 50 und 51 enthalten ist. Demnach ist der Logarithmus der Geschwindigkeit eine lineare Funktion der Feldstärke. Nach Ausweis der Messungen (Abb. 53) ist diese Beziehung im gesamten Temperatur- und Geschwindigkeitsbereich erfüllt. *Die Feldabhängigkeit der Geschwindigkeit wird durch die Theorie von STACEY richtig beschrieben.*

10.3. Temperaturabhängigkeit der Wandbewegungsfeldstärke

H_o ist die Feldstärke, bei der sich die Wand ohne Hilfe der thermischen Aktivierung über die Potentialberge bewegen kann, also näherungsweise gleich der Koerzitivfeldstärke für schnelle Ummagnetisierung (50 Hz). Nach fremden und eigenen Messungen hängt die Koerzitivfeldstärke stark von der Temperatur ab. Die Gl. 55 ist daher durch

$$v = v_o \exp \frac{2MV}{kT} (H - H_o(T)) \qquad \text{für } H < H_o(T) \tag{56}$$

zu ersetzen.

Dieser Schluß wird durch die Messungen (Abb. 53) bestätigt. Werden aus den bei 300°K gemessenen Geschwindigkeiten die Werte für 77°K und 20°K unter der Annahme $H_o = \text{const.}$ berechnet, so ergeben sich die gestrichelten Geraden. Dagegen sind die gemessenen Werte zu wesentlich höheren Feldern verschoben, was sich durch die bei tieferer Temperatur erhöhten Werte der Koerzitivfeldstärke erklärt. Es ist daher sinnvoll, die Geschwindigkeit nicht als Funktion der Feldstärke, sondern als Funktion der Differenz der Feldstärke zum temperaturabhän-

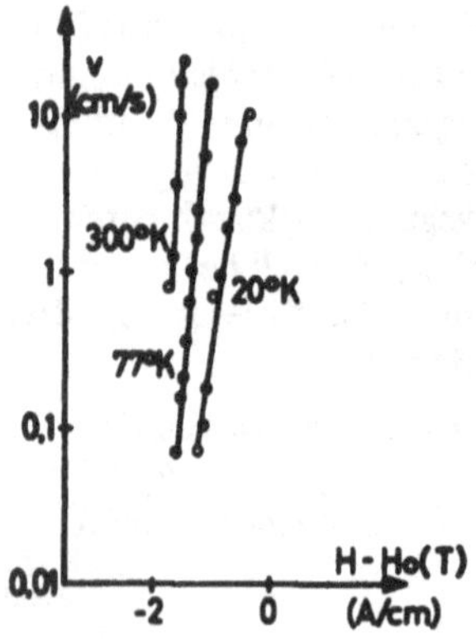

Abb. 54 Thermisch aktivierte Wandbewegung in einer Eisenschicht. Dieselben Meßwerte wie in Abb. 53, jedoch aufgetragen als Funktion von $H - H_0(T)$

gigen Wert $H_0(T)$ aufzutragen (Abb. 54), wodurch sich der Abstand der Geraden wesentlich vermindert. In dieser Darstellung entspricht der gemessene Abstand der Geraden größenordnungsmäßig dem berechneten.

Die Darstellung der Meßwerte gemäß Abb. 54 ist auch für die technische Anwendung zweckmäßig, da für den Einsatz der Schichten in Tieftemperaturspeichern alle Felder proportional zur Koerzitivfeldstärke erhöht werden müssen.

Die mit sinkender Temperatur beobachtete starke Abnahme der Geschwindigkeit in einem gegebenen Feld ist also mehr auf die Zunahme der Wandbewegungsfeldstärke H_0 als auf die Verminderung der thermischen Aktivierung zurückzuführen. Durch die Nichtbeachtung der Temperaturabhängigkeit von H_0 ist in den bisherigen Arbeiten der eigentliche Einfluß der Temperatur auf die Wandgeschwindigkeit überschätzt worden.

STACEY ermittelte H_0 auf zwei (offenbar als äquivalent angesehenen) Wegen

a) durch die Identifizierung von H_0 mit der Koerzitivfeldstärke für schnelle Ummagnetisierung

b) durch Extrapolation der gemessenen Wandgeschwindigkeiten auf $T = 0°K$ (Hierzu wurde Gl. 55 nach T differenziert, wobei H_0 als konstant angesehen wurde)

Diese Wege sind nur dann äquivalent, wenn H_0 temperaturunabhängig ist. Wegen der Temperaturabhängigkeit der Koerzitivfeldstärke ist der Verfasser jedoch der Ansicht, daß auch H_0 keinesfalls als temperaturunabhängig betrachtet werden darf; H_0 kann daher nur durch Messung der Koerzitivfeldstärke für schnelle Ummagnetisierung abgeschätzt werden.

Die Extrapolation der Meßwerte im Bereich von 300°K auf $T = 0°K$ wird daher abgelehnt, da eine Schicht bei 300°K nicht „wissen" kann, wie hoch ihre Wandbewegungsfeldstärke H_0 bei 0°K ist.

Es ist bemerkenswert, daß bereits die in einem engen Temperaturbereich durchgeführten Messungen von OLMEN und MITCHELL (Abb. 24), die STACEY seiner Theorie zu Grunde legte, nicht mit der Annahme einer temperaturunabhängigen Wandbewegungsfeldstärke erklärt werden können. Werden aus den bei 52°C gemessenen Geschwindigkeiten die Werte für 35°C unter Verwendung der Theorie von STACEY berechnet, so ergeben sich wesentlich höhere Geschwindigkeiten als gemessen wurden. Die Diskrepanz zwischen Theorie und Experiment liegt also in derselben Richtung wie in Abb. 53.

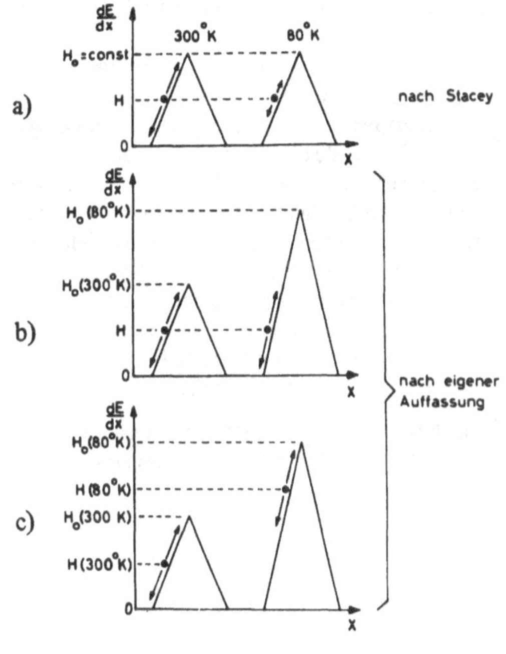

Abb. 55 Schematische Darstellung der thermisch aktivierten Wandbewegung mit verschiedenen Annahmen über die Wandbewegungsfeldstärke H_0

Die unterschiedlichen Auffassungen sind in Abb. 55 verdeutlicht. Nach STACEY (Abb. 55 a) ist die Wandbewegungsfeldstärke H_0 temperaturunabhängig. Die bei tiefer Temperatur beobachtete Abnahme der Wandgeschwindigkeit wird auf die Abnahme der thermischen Aktivierung zurückgeführt, die schematisch durch die Verkürzung des Schwankungspfeils bei 80°K dargestellt ist.

Nach eigener Auffassung (Abb. 55 b) hat dagegen auch die durch Abkühlung erhöhte Wandbewegungsfeldstärke einen wesentlichen Einfluß. Sie bewirkt, daß selbst für eine als konstant angenommene thermische Aktivierung die Wandgeschwindigkeit bei 80°K geringer ist als bei 300°K, da der zur Überwindung des Berges fehlende Energiebetrag mit sinkender Temperatur stark ansteigt. In einem gegebenen Feld wird daher die Wandgeschwindigkeit durch Abkühlung stark reduziert, was in der bisher üblichen Darstellung log v(H) (Abb. 53) zum Ausdruck kommt.

Zur Prüfung der Theorie ist es dagegen sinnvoller, mit sinkender Temperatur das angelegte Feld im selben Verhältnis zu erhöhen, so daß der jeweilige Energiefehlbetrag konstant bleibt (Abb. 55 c). Dieser Überlegung entspricht die Darstellung $\log v(H - H_0(T))$ in Abb. 54.

10.4. Steigung der log v(H) Geraden

Nach Gl. 55 und 56 sollte die Steigung der $\log v(H)$ Geraden proportional zu $1/T$ sein. Diese Tatsache läßt sich anschaulich verstehen: Für $T = 0°K$ tritt keine thermische Aktivierung auf. Solange das Feld nicht ausreicht, die Wand über die Spitze des Potentialberges zu bringen, kann sich die Wand überhaupt nicht bewegen. Überschreitet das Feld diesen Wert, so bewegt sich die Wand mit hoher Geschwindigkeit über die Berge hinweg. Die Wandbewegung setzt also nach Überschreiten eines bestimmten Feldwertes schlagartig ein, so daß die $\log v(H)$ Gerade mit unendlicher Steigung vertikal verläuft. Mit steigender Temperatur tritt thermische Aktivierung auf, so daß sich die Wand auch in geringeren Feldern bewegen kann; die Steigung der Geraden nimmt ab. Für unendlich hohe Temperatur verliefe die Gerade horizontal, da die Wand die Berge unabhängig vom Feld allein durch thermische Aktivierung überwinden könnte.

Umgekehrt läßt sich daraus schließen: *Je flacher die Gerade $\log v(H)$ verläuft, desto stärker ist der Einfluß der thermischen Aktivierung.*

Die von der Theorie geforderte Temperaturabhängigkeit der Steigung wird hier besonders eingehend geprüft, weil

a) die Steigung der Geraden bei einer festen Temperatur wesentlich genauer gemessen werden kann als die Verschiebung der Geraden für verschiedene Temperaturen

b) die Kenntnis der Größen H_0 und $C\,d$ (vgl. Gl. 31) nicht erforderlich ist

c) ein Vergleich mit den Messungen anderer Autoren nur hinsichtlich der Steigung möglich ist. (Aus der Verschiebung der Geraden bei geänderter Temperatur lassen sich dagegen nur wenig Schlüsse ziehen, da die Temperaturabhängigkeit der Koerzitivfeldstärke nicht angegeben wurde).

Die Meßwerte in Abb. 54 zeigen, daß die Steigung mit sinkender Temperatur nicht zu-, sondern *abnimmt.* Diese Abweichung von der Theorie ist kein Einzelfall, sondern läßt sich an fast allen durchgeführten Messungen feststellen.

Zum Vergleich sind in der folgenden Tabelle alle bisher bekannten Messungen zusammengestellt und die Übereinstimmung mit der Theorie hinsichtlich der Beziehung $\log v \sim H$ und der Steigung der $\log v(H)$ Geraden geprüft.

Autor	Jahr	Material	Temperatur °K	$\frac{T_2}{T_1}$	log v ~ H	Steigung ~ 1/T erfüllt
OLMEN, MITCHELL [211]	1959	Permalloy	308–325	1,1	Ja	Nein
FRANTSVOG [282]	1961	Permalloy	286–329	1,2	Ja	Nein
BATES, CRAIK RUSHTON [283]	1962	Kobalt	297–338	1,1	Ja	Nein
BATES, SPIVEY [284]	1964	Kobalt	300–351	1,2	Ja	Nein
DIEZ [285]	1964	Eisen	122–403	3,3	Ja	Nein
CRAIK, WOOD [239]	1966	Permalloy	226–295	1,3	Ja	Vielleicht
IRMER [312]	1966	Eisen	296–407	1,4	Ja	Nein
IRMER [312]	1966	Nickel	200–365	1,8	Ja	Nein
CRAIK, WOOD [240]	1968	Permalloy	234–350	1,5	Ja	Nein
KLAFFKE [286]	1968	Eisen	80–300	3,9	Ja	Nein
SCHEIBE [306]	1969	Eisen	20–300	15,0	Ja	Nein

Die Tabelle zeigt, daß die Beziehung log v ~ H, also die Feldabhängigkeit der Geschwindigkeit, in jedem Fall erfüllt ist. Dagegen ist die Aussage der Theorie hinsichtlich der Steigung der log v (H) Geraden nur in einem Fall im Rahmen hoher Fehlergrenzen vielleicht erfüllt, wegen der geringen Temperaturvariation eine Aussage jedoch schwer möglich.

In allen anderen Fällen weicht das Ergebnis der Experimente von der Theorie ab. Die Abweichung erfolgt immer in dem Sinne, daß die Steigung mit sinkender Temperatur entweder konstant bleibt oder zunimmt.

Die thermisch aktivierte Nachwirkung in dünnen Schichten ist also stärker als von der Theorie vorausgesagt. Sie zeigt somit das gleiche Verhalten, wie es in einigen Fällen bei der Nachwirkung superparamagnetischer Teilchen (5.5.2.), der Nachwirkung des massiven Materials (5.5.5.) und dem thermisch aktivierten mechanischen Kriechen (10.6.) festgestellt wurde.

10.5. Diskussion der Ergebnisse

Eine genaue Erklärung der Abweichung der Experimente von der Theorie ist bisher nicht bekannt; im folgenden werden einige mögliche Ursachen diskutiert.

1. Angenommen, die Theorie der thermischen Aktivierung sei im Prinzip richtig, bieten sich zwei Erklärungsmöglichkeiten an:

a) *Temperaturabhängigkeit des Aktivierungsvolumens.* Die Steigung der log v (H) Geraden ist nach Gl. 55 proportional zum Aktivierungsvolumen V, das in den bisherigen Arbeiten als konstant angesehen wurde. Sollte die beobachtete Abnahme der Steigung mit sinkender Temperatur durch eine Veränderung des Aktivierungsvolumens erklärt werden, so müßte dieses stärker abnehmen als die Temperatur.

Auf die problematische Definition des Aktivierungsvolumens wurde bereits in Abschnitt 5.5.5. hingewiesen*. STACEY bezeichnet als das Aktivierungsvolumen in dünnen Schichten das Produkt aus „mittlerer Wandfläche der effektiv unabhängigen Wandabschnitte mal der effektiven Halbwertsbreite der elementaren Potentialbarrieren". Über die Temperaturabhängigkeit dieser Größen ist wenig bekannt.

Bei einem einzelnen Material wäre des denkbar, daß sich durch die Temperaturabhängigkeit der Kristallenergie, der Magnetostriktion oder der Diffusionsnachwirkung die Breite der Potentialschwelle und damit das Aktivierungsvolumen gerade so änderten, daß sich die beobachtete Temperaturabhängigkeit der Steigung ergibt. Da jedoch die gleichsinnige Abweichung von der Theorie an so unterschiedlichen Materialien wie Eisen, Kobalt, Nickel und Permalloy (hergestellt und untersucht von verschiedenen Autoren) beobachtet wurde, erscheint eine gleichartige starke Temperaturabhängigkeit des Aktivierungsvolumens als wenig wahrscheinlich.

Die hier experimentell festgestellte Temperaturvariation des Aktivierungsvolumens, berechnet aus den Messungen (Abb. 54) unter Zugrundelegung der Gl. 55, ist beträchtlich. Wird das Aktivierungsvolumen als Würfel mit der Kantenlänge a betrachtet, so ergibt sich für

T (°K)	300	77	20
a (Å)	570	290	160

Die gleiche Tendenz ergibt sich auch auch aus den Messungen von KLAFFKE [286] und BOSTANJOGLO [243].

Selbst wenn es gelänge, diese Veränderung des Aktivierungsvolumens durch die Temperaturvariation von Größen wie Kristallenergie oder Magnetostriktion zu erklären, so verlöre damit der Begriff des Aktivierungsvolumens als temperaturunabhängiger Parameter der Theorie seinen Sinn. Auch diese Tatsache spricht gegen die Ermittlung von H_o durch Extrapolation der Messungen bei höherer Temperatur (10.3.).

Zukünftige Messungen zur Prüfung der Theorie müßten bei noch tieferen Temperaturen (unter 10°K) durchgeführt werden, da dann die Änderungen der magnetischen Größen geringer, die relative Variation der Temperatur größer werden.

* Analoge Schwierigkeiten hinsichtlich des Aktivierungsvolumens bei thermisch aktivierten mechanischen Vorgängen diskutiert SCHWINK [242].

b) *Feldabhängigkeit des Aktivierungsvolumens.* Nach Gl. 55 ist zur Erzielung einer bestimmten Geschwindigkeit bei tiefer Temperatur ein größeres Feld erforderlich als bei hoher Temperatur. Bei tiefer Temperatur hebt daher das Feld die Wand höher an der Flanke des Potentialberges empor. Über die Form der Berge ist im Einzelnen wenig bekannt. Angenommen, sie hätten die in Abb. 52 gezeichnete dreieckige Gestalt, so würde die Dicke der Barrieren mit zunehmender Höhe geringer werden. Daher könnte das Aktivierungsvolumen mit sinkender Temperatur abnehmen.

Andererseits wäre durch diese Feldabhängigkeit des Aktivierungsvolumens der Zusammenhang zwischen log v und H nicht mehr linear (vgl. Gl. 55); die gemessenen Geschwindigkeitswerte dürften also in der log v (H) Darstellung keine Gerade ergeben, sondern eine Kurve, deren Steigung mit zunehmendem Feld abnimmt. Da diese Erscheinung im bisher erfaßten Temperatur- und Geschwindigkeitsbereich nicht beobachtet wurde, scheint die Feldabhängigkeit des Aktivierungsvolumens in diesem Bereich gering zu sein.

2. Die beobachteten Abweichungen der Experimente von der Theorie könnten darauf zurückzuführen sein, daß die Wand außer durch thermische Aktivierung auch durch grundsätzlich andere, temperaturunabhängige Mechanismen bewegt wird. Hierfür kommen der quantenmechanische Tunneleffekt und die Bewegung der Gitteratome durch die Nullpunktsenergie in Frage.

Einige Auswirkungen des Tunneleffekts und der Nullpunktsenergie sind allgemein bekannt und in Lehrbüchern behandelt, andere nur in verstreuten Originalarbeiten erwähnt. Es erscheint daher interessant, die bisher diskutierten Auswirkungen der genannten Effekte auf verschiedenen Gebieten der Physik zusammenzustellen, um Analogien zum Verhalten der magnetischen Wände zu finden.

10.6. Überblick über Auswirkungen des Tunneleffekts und der Nullpunktsenergie

1. Elektronenaustritt aus Metalloberflächen durch Tunneleffekt (zusammenfassende Darstellung in [320]).

2. Tunneln von Ladungsträgern durch die verbotene Zone eines Halbleiters [321,322]; technische Anwendung als Tunneldiode (zusammenfassende Darstellung in [323]).

3. Tunneln von COOPER-Paaren (JOSEPHSON-Effekt [324]).

4. Von WADE, BRIGGS und LESENSKY wurde eine „Tunnelkathode“ vorgeschlagen. Sie soll aus einer geschichteten Metall-Isolator-Metall Schichtanordnung bestehen und die Emission eines Elektronenstrahls mit einer Rauschtemperatur von nur 30°K ermöglichen. [325]

5. Metallschichten mit einer Dicke von weniger als 100 Å können aus einer Vielzahl kleiner voneinander isolierter Teilchen bestehen und dennoch einen elektrischen Strom leiten. Diese Leitfähigkeit wurde von NEUGEBAUER und WEBB [326] sowie von HARTMAN [327] darauf zurückgeführt, daß die Elektro-

nen innerhalb der Teilchen thermisch aktiviert werden, die Entfernung bis zum nächsten Teilchen (bis zu 100 Å) jedoch durch Tunneleffekt überwinden.

6. HIRSCHFELDER und WIGNER [328] berechneten den Einfluß des Tunneleffekts auf chemische Reaktionen. Danach ist z. B. die Wahrscheinlichkeit, daß ein Deuterium Atom eine Potentialschwelle von 10 kcal Höhe und 1 Å Breite mit Hilfe des Tunneleffekts durchdringt, unter 126°K größer als die, daß es den Wall durch klassisch berechnete thermische Aktivierung überschreitet.

7. Besonders eingehend diskutiert CLUSIUS [329] die Auswirkungen der Nullpunktsenergie auf physikalisch-chemische Erscheinungen. Er wies darauf hin, daß die Nullpunktsenergie der inneren Schwingungen von Molekülen wie H_2 ein Vielfaches der Translationsenergie des Moleküls bei 300°K beträgt. Auch die Nullpunktsenergie der zwischenmolekularen Kräfte ist beträchtlich und soll nicht nur die Schwingung, sondern auch die Rotation der Gitterbausteine ermöglichen. Infolge dieser im festen Zustand ablaufenden Rotation macht sich diese Auswirkung der Nullpunktsenergie sogar im Verlauf der spezifischen Wärme bemerkbar. So tritt bei 25°K eine Kristallumwandlung des Deuteriomethans CD_4 auf, während dieser Vorgang bei CH_4 wegen der höheren Nullpunktsenergie nicht stattfindet.

8. CHRISTOV [330] schloß aus Berechnungen, daß der Durchgang der Ionen durch die Helmholtzsche Doppelschicht mittels Tunneleffekt einen wesentlichen Einfluß auf den Ablauf der Elektrolyse habe.

9. SHOCKLEY [331] berechnete die Diffusion von Wasserstoff in Palladium und Eisen, die als Folge der Nullpunktsschwingungen der Kristallbausteine auch für $T = 0°K$ in beträchtlichem Ausmaß möglich sein sollte. SHOCKLEY schlug daher die Messung der Diffusionsgeschwindigkeit von Wasserstoff in Palladium vor, die nach seinen Abschätzungen auch bei tiefster Temperatur noch 3 mm pro Tag betragen sollte (siehe auch SEITZ [332]).

10. In ähnlicher Weise diskutierten YÜ CHANG HSIEH und BLOCH [333] die Bewegung von Leerstellen in einem Kristallgitter als Folge des Tunneleffekts.

11. CRUSSARD [334] berechnete die Möglichkeit von Gefügeumwandlungen durch thermische Schwingungen unter Berücksichtigung der Interferenz der Wärmewellen und schloß auf Grund seiner Theorie, daß infolge der Nullpunktsenergie auch am absoluten Nullpunkt noch Gefügeumwandlungen möglich sein sollten.

12. BEAN und JACOBS [60] sowie BEAN und LIVINGSTON [220] erwähnten die Möglichkeit, daß die kohärente Rotation der Magnetisierung in Einbereichteilchen bei tieferen Temperaturen durch Tunneleffekt zustande kommen könnte (vgl. 5.5.2.).

13. Das mittlere Schwankungsquadrat der Gitterbausteine ist für hohe Temperaturen gemäß der klassischen Physik proportional zur Temperatur; für tiefe Temperaturen macht sich jedoch die Nullpunktsenergie bemerkbar, so daß das mittlere Schwankungsquadrat unterhalb einer Temperatur, die etwa 1/4 der Debye-

temperatur beträgt, einen konstanten Wert annimmt (siehe LEIBFRIED [335]). Die Schwingung der Gitterbausteine, die auch am absoluten Nullpunkt noch vorhanden ist, ist sehr beträchtlich; sie beträgt etwa 10 % ihres Wertes am Schmelzpunkt. Die Existenz dieser Nullpunktschwingungen wurde auch aus Röntgenbeugungsaufnahmen geschlossen [336–338].

Nach LEIBFRIED [339] liegt die Vermutung nahe, daß die Nullpunktsschwingungen in gleicher Weise wie die klassisch berechneten thermischen Schwankungen eine Versetzung über atomare Hindernisse hinwegbewegen können. Daher sollten bei tiefer Temperatur die aus der Thermodynamik abgeleiteten Aktivierungsansätze ungültig werden.

14. Die Bewegung von Versetzungen wird durch die Streuung von Schallwellen behindert, die wie eine Reibungskraft wirkt. Eine derartige Reibungskraft bleibt nach LEIBFRIED [340] auch für $T = 0°K$ noch bestehen, da dann die Versetzung mit den durch die Nullpunktsenergie hervorgerufenen Gitterschwingungen in Wechselwirkung tritt.

15. Die Erscheinung, die der thermisch aktivierten Wandbewegung am meisten entspricht, ist das Kriechen von Metallen. Wird an ein Material eine mechanische Spannung angelegt, so ergibt sich außer der sofort entstehenden Dehnung ein nachwirkender Anteil, der proportional zum Logarithmus der Zeit anwächst, weshalb der Vorgang als logarithmisches Kriechen bezeichnet wird. Die Erscheinung wird – ganz analog zur thermisch aktivierten Wandbewegung bei der Jordanschen Nachwirkung – auf die thermisch aktivierte Bewegung von Versetzungen zurückgeführt (siehe z.B. [258–262]). Es wäre daher zu erwarten, daß das mechanische Kriechen bei tiefen Temperaturen verschwindet.

Tatsächlich stellten jedoch bereits im Jahre 1930 MEISSNER, POLANYI und SCHMID [341] qualitativ fest, daß das Kriechen bei tiefen Temperaturen temperaturunabhängig wird. Die Versuche wurden 1955 von GLEN [342] unter verbesserten experimentellen Bedingungen wiederholt und bestätigt. GLEN wies nach, daß das logarithmische Kriechen von Kadmium im Bereich von 1,2°K bis 4,2°K nahezu temperaturunabhängig verläuft.

MOTT [343] entwickelte zur Klärung dieses experimentellen Ergebnisses eine Theorie unter der Annahme, daß die Versetzungen die Bewegungshindernisse auch ohne thermische Aktivierung allein auf Grund des Tunneleffekts durchdringen können. Für die effektive Masse der Versetzung wird die Masse eines Kadmiumatoms, für die Höhe der Bewegungshindernisse 1 eV angenommen. Für diese Werte berechnete MOTT, daß unterhalb von 10°K die Wahrscheinlichkeit des Tunneldurchgangs größer ist als die der thermischen Aktivierung, so daß unterhalb dieser Temperatur das Kriechen temperaturunabhängig wird. MOTT räumt ein, daß sich das Ergebnis bei genauerer Kenntnis der Parameter noch um mehrere Vielfache von Zwei ändern könnte.

11. Wandkriechen in dünnen Schichten

11.1. Überblick und Fragestellung der Experimente

Wie in Abschnitt 7 ausgeführt, tritt in dünnen Schichten eine langsame, quasistetige Wandbewegung (Kriechen) auf, wenn ein Gleichfeld in der leichten Richtung und gleichzeitig ein Wechselfeld in der schweren Richtung angelegt werden (vgl. Abb. 32). Das Problem dieses Vorgangs besteht darin, daß sich die Wand auch dann bewegt, wenn der resultierende Vektor aus beiden Feldern zu jedem Zeitpunkt kleiner ist als die in der entsprechenden Richtung mit einem Gleichfeld gemessene Wandbewegungsfeldstärke.*

Die erste, von MIDDELHOEK [290] gegebene Erklärung beruht darauf, daß in dünnen Schichten der Wandtyp (vgl. Abschnitt 3.5.2.) von dem Winkel zwischen den Magnetisierungsrichtungen in den angrenzenden Bereichen abhängt. Zum Beispiel ist in einer 1000 Å dicken Permalloyschicht die Wand vom BLOCH-Typ, solange nur ein Gleichfeld in der leichten Richtung wirkt und die Wand daher Bereiche antiparalleler Magnetisierungsrichtung trennt (180° Wand). Unter dem Einfluß eines Feldes in der schweren Richtung rotiert die Magnetisierung in den Bereichen auf die schwere Richtung zu, so daß der Winkel zwischen den Magnetisierungsvektoren zu beiden Seiten der Wand verringert wird. Nach Rechnungen von MIDDELHOEK [75] wird unterhalb eines Winkels von 150° die NÉEL-Wand günstiger.

Zur Erklärung des Kriechens wird angenommen, die Wand sei unter dem Einfluß des Feldes in der leichten Richtung bis an ein Hindernis gekommen, das sie als BLOCH-Wand nicht überwinden kann. Durch den Einfluß des Feldes in der schweren Richtung dreht sich die Magnetisierung in den Bereichen und die Wand verwandelt sich in eine NÉEL-Wand. MIDDELHOEK nimmt an, daß das erste Hindernis nicht auch für die NÉEL-Wand ein Hindernis darzustellen brauche; die Wand kann daher als NÉEL-Wand das Hindernis überwinden und bewegt sich bis zu einem Hindernis, das sie als NÉEL-Wand nicht überwinden kann. Beim Rücklauf des Feldes geht die Wand wieder in eine BLOCH-Wand über, überschreitet als solche das NÉEL-Wand-Hindernis und so fort. Die Folge der kleinen Schritte wird als Kriechen beobachtet.

Wegen seiner großen technischen Bedeutung ist das Kriechen in so zahlreichen Arbeiten untersucht worden, daß hier nur auf die zusammenfassenden Darstellungen von FELDTKELLER [344] und KAYSER [345] verwiesen werden kann.

* Über interessante analoge Erscheinungen in der Mechanik berichtet FREUDENTHAL [356].

Ferner wurden außer dem Kriechen noch weitere Formen der Bereichs- und Wandbewegung entdeckt, die in komplizierter Weise von der Größe, Richtung, Polarität und Anstiegsgeschwindigkeit der Felder abhängen und nach ihrem äußeren Erscheinungsbild benannt wurden: „Wandflattern" und „Wandfließen" [344], „Zebra" [346], „Wurmbewegung" und „Parade" [347].

Die eingangs skizzierte Deutung von MIDDELHOEK ist daher inzwischen vielfach modifiziert worden [344,345]. Es wurden die Krümmung, die Steifheit und die Streufelder der Wand, das Auftreten von BLOCH-Linien, der Einfluß der Magnetisierungsriffelung sowie die gyromagnetische Natur des Elektronenspins berücksichtigt. Hierdurch konnten jeweils Teilaspekte des Kriechvorgangs gedeutet werden; eine vollständige Erklärung aller Erscheinungen ist bisher nicht gelungen.

Bei aller Verschiedenheit der Deutungen im Einzelnen läßt sich als ihr gemeinsames Merkmal feststellen: *Die Theorien führen die Kriechbewegung, d.h. die Verminderung der Wandbewegungsfeldstärke darauf zurück, daß die Änderung des Feldvektors nach Richtung und Größe eine Änderung der Magnetisierungskonfiguration in der Wand hervorruft und dadurch das Potentialgebirge verändert.* Die Theorien behandeln also primär die Frage, auf welche Weise sich die Wand von den Hindernissen löst; sie führen das Überschreiten der Hindernisse auf eine *Änderung* des Feldes nach Richtung und Größe zurück.

Dagegen ist nicht bekannt,

a) wie schnell und wie weit sich die Wand bewegt, nachdem sie sich von den Hindernissen gelöst hat.

b) ob eine Wandbewegung auch im konstanten Feld erfolgen kann.

c) wie die Vorgänge von der Temperatur abhängen.

d) ob es einen Zusammenhang zwischen dem Kriechen und den Nachwirkungserscheinungen gibt.

Zur Klärung dieser Fragen wurden folgende Experimente ausgeführt.

11.2. Kriechen als Funktion der Feldstärken

Bereits in den ersten Untersuchungen stellte MIDDELHOEK fest, daß die Wandgeschwindigkeit sehr stark (näherungsweise exponentiell) von der Größe des Gleich- und Wechselfeldes abhängt. Dieser Zusammenhang wurde über zwei Zehnerpotenzen der Wandgeschwindigkeit gemessen; eine Erklärung für diese außerordentlich starke Abhängigkeit ist bisher nicht bekannt.

Hier wurde die Kriechbewegung in einer Eisenschicht über 4 bzw. 5 Zehnerpotenzen der Geschwindigkeit gemessen und festgestellt, daß auch in diesem großen Bereich die Wandgeschwindigkeit nahezu exponentiell von der Größe der Feldstärken abhängt (Abb. 56 und 57).

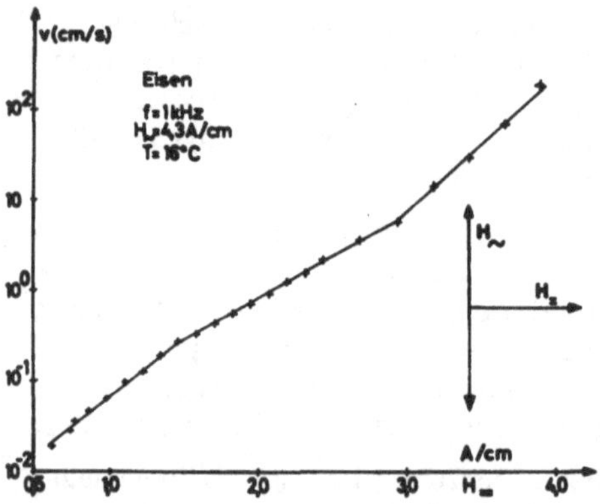

Abb. 56 Kriechgeschwindigkeit als Funktion des Gleichfeldes in der leichten Richtung. Abb. 56–61 nach SANDER [346]

Angesichts des großen Geschwindigkeitsbereiches, in dem die exponentielle Abhängigkeit von den Feldstärken gilt, scheint dem Ergebnis prinzipielle Bedeutung zuzukommen.

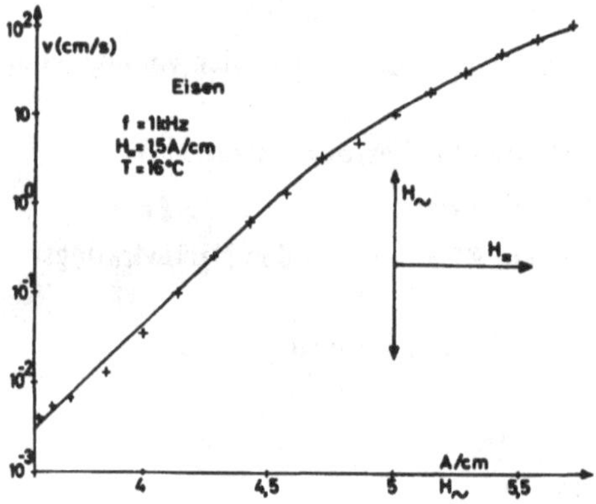

Abb. 57 Kriechgeschwindigkeit als Funktion des Wechselfeldes (Scheitelwert) in der schweren Richtung

Daher ist wahrscheinlich die Übereinstimmung mit der in Abschnitt 10 behandelten thermisch aktivierten Wandbewegung, die als einziger der bisher bekannten Vorgänge gleichfalls exponentiell von der Feldstärke abhängt, kein Zufall. Die Experimente legen vielmehr den Schluss nahe, daß die thermisch aktivierte Wandbewegung am Kriechvorgang wesentlich beteiligt ist. Danach erfolgt das Lösen der Wand von den Hindernissen durch einen der vorstehend genannten Mechanismen, die anschließende Bewegung aber in Form der thermisch aktivierten Wandbewegung, also durch einen Nachwirkungsvorgang. Dieser hier indirekt gezogene Schluß wird im folgenden Abschnitt weiter geprüft.

11.3. Kriechen als Funktion der Wartezeit und der Temperatur

In den bisher bekannten Versuchen wurde der Einfluß der Streufelder in den Rechenanlagen dadurch simuliert, daß im Experiment ein Wechselfeld in der schweren Richtung angelegt wurde. Dies entspricht der Annahme der bisherigen Theorien, daß die Kriechschritte der Wand durch die *Änderungen* der Felder hervorgerufen werden.

Im Hinblick auf den vermuteten Einfluß der thermisch aktivierten Wandbewegung erschien es sinnvoll, hier zusätzlich auch den Einfluß *konstanter* Felder zu untersuchen [346]. Solche Experimente dürften auch den Verhältnissen in Rechenmaschinen besser entsprechen. Wegen der in Abschnitt 10 festgestellten Abhängigkeit der thermisch aktivierten Wandbewegung von der Temperatur wurden die Versuche bei 300°K und 80°K durchgeführt.

Für die Versuche wurde in der leichten Richtung ein Gleichfeld angelegt; das veränderliche Feld in der schweren Richtung hatte folgenden Verlauf:

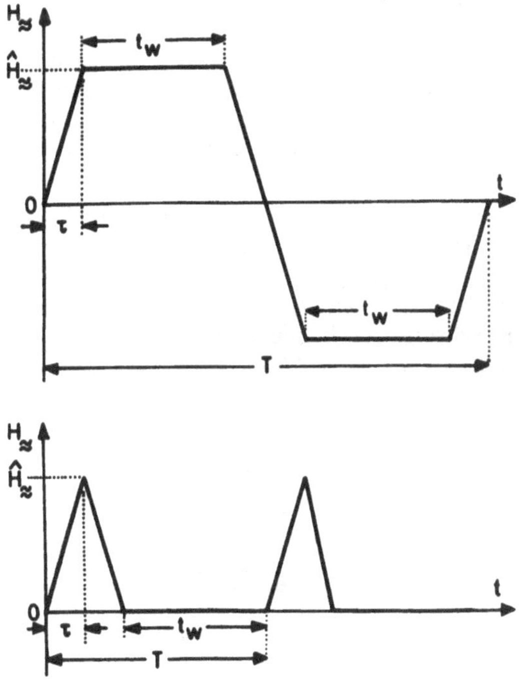

Abb. 58 zeitlicher Verlauf des Feldes in der schweren Richtung für Kriechexperimente mit Wartezeit t_w. Oben: Trapezfeld; Unten: Dreiecksfeld

a) *Trapezfeld* (Abb. 58 oben). Das Feld steigt innerhalb der Zeit τ zeitproportional auf seinen Scheitelwert $\hat{H}_\approx$ an, behält diesen Wert während der Wartezeit t_w unverändert bei und wird dann mit derselben Änderungsgeschwindigkeit auf Null abgesenkt. Hieran schließt sich der gleiche Feldverlauf mit negativem Vorzeichen an. Nach Ablauf der Periodendauer T wird der Zyklus wiederholt. Es gilt $T = 2\,t_w + 4\,\tau$. Im Experiment werden der Scheitelwert $\hat{H}_\approx$ und die Zeit τ konstant gehalten, so daß die *Änderung* des Feldes jedesmal in derselben Weise erfolgt. Variiert wird die Wartezeit t_w, in der das Feld *konstant* bleibt. Das entspricht gleichzeitig einer Variation der Grundfrequenz des Wechselfeldes.

Während der Wartezeit t_w hat der aus dem Gleich- und Wechselfeld resultierende Feldvektor seinen größten Wert und ist um den größten Winkel gegen die leichte Richtung geneigt.

b) *Dreiecksfeld* (Abb. 58 unten). Das Feld steigt in der Zeit τ zeitproportional auf den Scheitelwert $\hat{H}_\approx$ und wird dann mit der gleichen Änderungsgeschwindigkeit auf Null gesenkt. Danach ist es während der Wartezeit t_w gleich Null. Nach Ablauf der Periodendauer T wird der Feldablauf mit derselben Polarität wiederholt. Es gilt $T = t_w + 2\,\tau$. Im Experiment werden ebenso wie beim Trapezfeld der Scheitelwert $\hat{H}_\approx$ und die Anstiegszeit τ konstant gehalten, die Wartezeit t_w wird variiert. Während der Wartezeit t_w wirkt auf die Schicht nur das Feld in der leichten Richtung.

In den Experimenten wird magnetooptisch die Wegstrecke gemessen, die die Wand nach jeweils 1000 Zyklen des Wechselfeldes in der harten Richtung (also nach der Zeit 1000 T) zurückgelegt hat. In Abb. 59 ist schematisch dargestellt, welches Ergebnis unter verschiedenen Annahmen über den Kriechvorgang zu erwarten ist.

a) Nach den bisherigen Vorstellungen tritt eine Wandbewegung nur während der *Änderung* des Feldes ein; eine Wandbewegung im *konstanten* Feld (d.h. ein Nachwirkungsvorgang) wird nicht in Betracht gezogen. Demnach kann die Länge der Wartezeit t_w, während der das Feld konstant bleibt, keinen Einfluß auf den Kriechvorgang haben; die pro Zyklus des Wechselfeldes zurückgelegte Strecke ist unabhängig von t_w (Abb. 59 I).

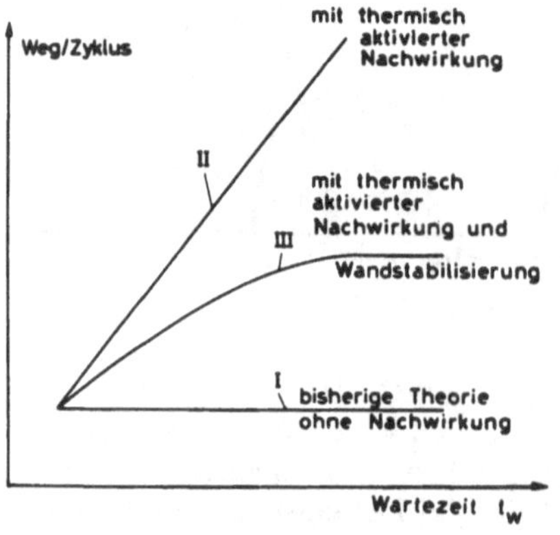

Abb. 59 Schematische Darstellung der von einer Wand zurückgelegten Wegstrecke unter verschiedenen Annahmen über den Kriechvorgang

b) Dagegen wurde hier aus dem Ergebnis des vorigen Abschnittes geschlossen, daß der Kriechvorgang durch thermische Aktivierung beeinflußt wird. Demnach könnte sich die Wand, nachdem sie ein Hindernis überwunden hat, im anschließend konstant gehaltenen Feld noch durch thermische Aktivierung weiterbewegen (Abb. 59 II).

c) Für den Fall, daß zusätzlich Richtersche Nachwirkung eintritt, würde die Wegstrecke nur für kleine Wartezeiten anwachsen, danach jedoch infolge der Wandstabilisierung konstant bleiben (Abb. 59 III).

Experimentelle Ergebnisse In Abb. 60 ist die Wandbewegung unter dem Einfluß eines Trapezfeldes dargestellt. Die Messungen zeigen, daß die pro Wechselfeldzyklus zurückgelegte Strecke etwa proportional zum Logarithmus der Wartezeit ansteigt, entsprechen also der Geraden II in Abb. 59. Das Experiment bestätigt somit die unter b) genannte Annahme, daß der Kriechvorgang auch im konstanten Feld noch durch thermische Aktivierung fortgesetzt wird.

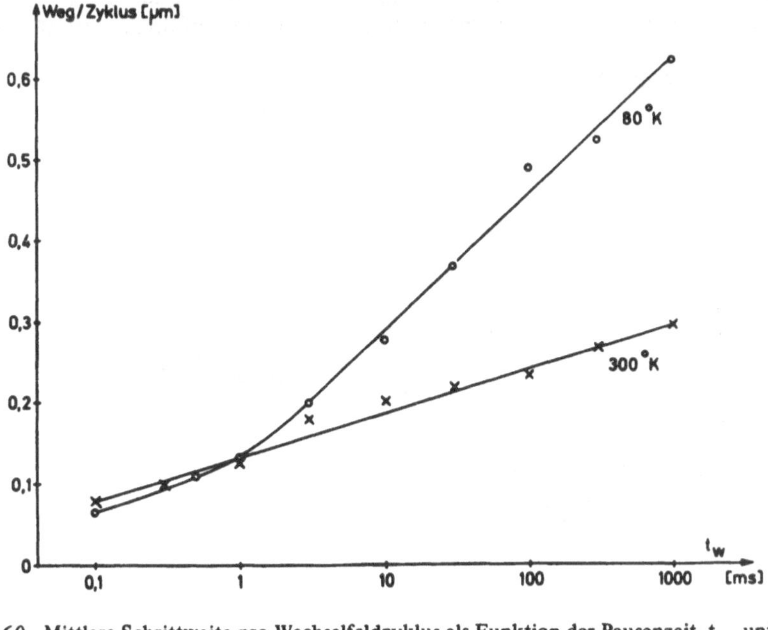

Abb. 60 Mittlere Schrittweite pro Wechselfeldzyklus als Funktion der Pausenzeit t_W unter dem Einfluß eines Trapezfeldes in der schweren Richtung (vgl. Abb. 58). Bei 300°K: Gleichfeld in der leichten Richtung 4,4 A/cm, Amplitude des Trapezfeldes 0,83 A/cm; bei 80°K: Gleichfeld 8,8 A/cm, Trapezfeld 1,66 A/cm. Feldänderungsgeschwindigkeit bei beiden Temperaturen $1{,}7 \cdot 10^3$ A/cm s.

Infolge der Abkühlung nimmt die Wandbewegungsfeldstärke der Schicht zu. Das Gleichfeld in der leichten Richtung und die Amplitude des Wechselfeldes in der schweren Richtung wurden im selben Verhältnis erhöht. Daher rotiert der resultierende Feldvektor bei beiden Temperaturen um denselben Winkel, so daß die Ergebnisse vergleichbar sind.

Nach Ausweis des Experiments ist die während der Wartezeit im konstanten Feld zurückgelegte Strecke bei 80°K größer als bei 300°K; diese Feststellung steht im Einklang mit der in den vorangegangenen Abschnitten beschriebenen Tatsache, daß sich die thermische Aktivierung bei 80°K stärker auswirkt als bei 300°K und der entgegengerichtete Einfluß der Richterschen Nachwirkung durch die Abkühlung vermindert wird.

Der Einfluß der thermischen Aktivierung ist erheblich: Bei 80°K ist die von der Wand in der Wartezeit von 1000 ms zurückgelegte Strecke rund 6 mal größer als für $t_w = 0$. Die Wegstrecke ist also 6 mal größer als nach den bisherigen Theorien, die den Einfluß eines konstanten Feldes nicht berücksichtigen, zu erwarten wäre.

Unter dem Einfluß eines Dreiecksfeldes ergibt sich für 80°K ein ähnlicher Verlauf, der die starke Wandbewegung im konstanten Feld anzeigt (Abb. 61). Bei 300°K ist dieser Mechanismus offenbar nur bis zu einer Wartezeit von 10 ms wirksam; danach kommt die Wand zum Stillstand, was auf Stabilisierung infolge

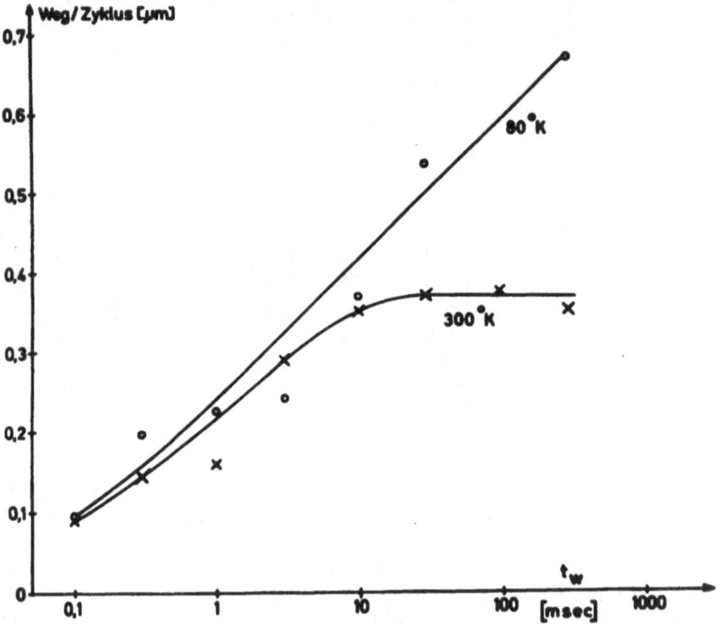

Abb. 61 Mittlere Schrittweite pro Wechselfeldzyklus als Funktion der Pausenzeit t_w unter dem Einfluß eines Dreiecksfeldes in der schweren Richtung (vgl. Abb. 58). Bei 300°K: Gleichfeld in der leichten Richtung 4,4 A/cm, Amplitude des Dreiecksfeldes 1,7 A/cm; bei 80°K: Gleichfeld 8,8 A/cm, Dreiecksfeld 3,4 A/cm. Feldänderungsgeschwindigkeit bei beiden Temperaturen $1{,}7 \cdot 10^3$ A/cm s

Richterscher Nachwirkung hindeutet (entspricht der Kurve III in Abb. 59). Daß die Wandstabilisierung hier wesentlich stärker in Erscheinung tritt als beim Trapezfeld, ist wahrscheinlich darauf zurückzuführen, daß während der Wartezeit ein geringeres Feld auf die Wand wirkt als unter dem Einfluß des Trapezfeldes.

Zusammenfassend ergibt sich:

1. Das Kriechen wird durch die bisher nicht berücksichtigten Nachwirkungsvorgänge wesentlich mitbestimmt.

2. Die Wandbewegung setzt sich auch im konstanten Feld fort.

3. Bei 80°K ist die Wandbewegung im konstanten Feld stärker als bei 300°K. Die Anwendung der Schichten in Tieftemperaturspeichern erfordert daher besondere konstruktive Maßnahmen gegen das Kriechen.

12. Untersuchung des Barkhausen-Effektes an massivem Eisen

Bei der induktiven Messung des BARKHAUSEN-Effektes an massivem Material sind Vorsichtsmaßnahmen zu beachten, die sich aus dem Einfluß der Wirbelstromdämpfung auf den zeitlichen Ablauf der Sprünge ergeben.

Es werde angenommen, daß der BARKHAUSEN-Sprung „an sich" unendlich schnell (d.h. schnell gegen die Auflösungszeit der Meßapparatur) ablaufe. Die tatsächliche Sprungdauer kann jedoch wegen der Wirbelstrombremsung stark verlangsamt sein. Nach TEBBLE, SKIDMORE u. CORNER [124] gilt für die Dauer t_B des BARKHAUSEN-Sprunges in einer zylinderförmigen Probe

$$t_B = 3{,}17\, \mu\, \rho\, r^2 \qquad (57)$$

μ: reversible Permeabilität; ρ: elektrische Leitfähigkeit; r: Radius der Probe.

Je nach dem Verhältnis der Eigenschwingzeit der Suchspule t_S zur Sprungdauer t_B lassen sich zwei Meßverfahren unterscheiden, worauf zuerst KRANZ [348]. hingewiesen hat.

a) *direkte Methode* Die Eigenschwingzeit der Suchspule ist klein gegen die Sprungdauer. Die induzierte Spannung ist in jedem Zeitpunkt proportional zur Flußänderung in der Probe. Die Dauer des Spannungsimpulses ist gleich der Sprungdauer; die Fläche unter dem Impuls (Zeitintegral der induzierten Spannung) ist proportional zum Volumen des Sprunges. Wegen der erforderlichen Eigenschwingzeit darf die Spule nur wenige Windungen (Größenordnung 100) haben, so daß die induzierte Spannung gering ist. Wegen der hohen Zeitauflösung wurde diese Methode hier zur Untersuchung dünner Schichten (Abschnitt 8.4.) angewendet.

b) *ballistische Methode** Die Eigenschwingzeit der Suchspule ist groß gegen die Sprungdauer. Dann ist der Maximalwert der induzierten Spannung proportional zum ummagnetisierten Volumen bzw. dessen magnetischem Moment. Der Zeitverlauf der induzierten Spannung ist nur eine Eigenschaft der Spule und läßt keinen Schluß auf den zeitlichen Ablauf des Sprunges zu. Wegen der großen Windungszahl (ca. 50 000) ist die induzierte Spannung wesentlich höher als beim direkten Verfahren. Daher wird im allgemeinen die ballistische Methode bevorzugt.

* Bezeichnung in Analogie zum ballistischen Galvanometer, dessen Schwingungsdauer groß gegen die Dauer des zu messenden Stromstoßes ist.

Für die Messung des BARKHAUSEN-Effektes ist stets auf die Einhaltung der Relation zwischen der Dauer der Sprünge und der Eigenschwingzeit der Spule zu achten, da sonst das Meßergebnis in unübersichtlicher Weise verfälscht wird. So führen PFRENGER und STIERSTADT [349] die Resultate von IVLEV und RUDJAK [350,351], die über ein Maximum der Sprunggrößenverteilung (also ein wahrscheinlichstes Sprungvolumen) in massivem Nickel berichteten, auf die Nichteinhaltung der ballistischen Bedingung zurück. Die korrekte Wiederholung des Versuchs ergab einen monotonen Verlauf der Sprunggrößenverteilung. Es ist anzunehmen, daß auch bei den Messungen von IVLEV, ILIUSHENKO u. ASEEVA [352] sowie KOLACHEWSKII [353] nicht auf die Einhaltung der ballistischen Bedingung bzw. den Einfluß der Wirbelstromdämpfung geachtet wurde.

Die Kontrolle der ballistischen Bedingung ist bei den hier durchgeführten Messungen besonders wichtig, da sich durch die Abkühlung der Probe sowohl die elektrische Leitfähigkeit als auch die Permeabilität und damit nach Gl. 57 die Sprungdauer ändern können. Insbesondere muß vermieden werden, daß bei $300^\circ K$ die ballistische Bedingung erfüllt, bei $77^\circ K$ jedoch verletzt ist.

Das zur Ummagnetisierung der Probe bestimmte Magnetfeld soll möglichst kontinuierlich ansteigen, damit nicht seine Schwankungen als BARKHAUSEN-Sprünge registriert werden. Daher können keinesfalls mechanische Einrichtungen wie Drehpotentiometer zur Einstellung des felderzeugenden Stromes verwendet werden. Aus diesem Grunde wurde in den meisten bisher bekannten Arbeiten das Feld durch bewegte Permanentmagnete erzeugt.

In den eigenen Experimenten wurden stromdurchflossene Spulen verwendet. Die Integration einer Gleichspannung mit Hilfe eines Operationsverstärkers liefert einen zeitproportionalen Anstieg des Stromes und damit des Magnetfeldes. Durch Wahl der Eingangsspannung bzw. der Zeitkonstante des Integrators kann die Anstiegsgeschwindigkeit des Feldes in weiten Grenzen verändert werden.

Als Proben dienten Eisendrähte von 0,2 mm Durchmesser und 5 cm Länge. Es wurde sowohl „Eisen für Analyse" der Fa. Riedel de Haen als auch Thermoelementdraht der Fa. Degussa verwendet, die im wesentlichen das gleiche Verhalten zeigten.

Die ballistische Messung wurde mit einer Spule von 50 000 Windungen und einer Eigenschwingzeit von 300 μs durchgeführt. Zur Kontrolle wurden die Proben auch nach der direkten Methode mit Hilfe einer Suchspule untersucht, deren Eischwingzeit 0,8 μs betrug. Danach war im gesamten Temperaturbereich von $77^\circ K$ bis $300^\circ K$ die Sprungdauer kleiner als 10 μs, die ballistische Bedingung also erfüllt.

Das Resultat einer typischen Messung ist in Abb. 62 dargestellt, die eine starke Verminderung der Sprungzahl bei tiefer Temperatur zeigt. Vor allem treten die größeren Sprünge (magnetisches Moment $> 25.10^{-14}$ Vsm), die in Übertragungsanlagen besonders stören würden, nach der Abkühlung überhaupt nicht mehr auf. Der Effekt ist reproduzierbar, d. h. nach der Erwärmung entsteht wieder die gleiche Sprunggrößenverteilung wie vor der Abkühlung.

Somit ergibt sich an massiven Eisenproben das gleiche Verhalten, wie es an dünnen Schichten festgestellt wurde, und es ist daher wahrscheinlich, daß auch die Ummagnetisierung massiven Materials durch das in Abschnitt 9 dargestellte Wandbewegungsmodell gedeutet werden kann.

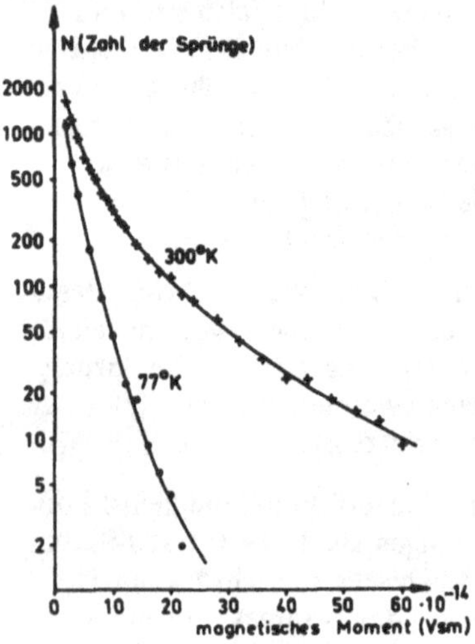

Abb. 62 Ballistisch gemessene Sprunggrössenverteilung in massivem Eisen. Ordinate ist die Zahl der Sprünge, deren magnetisches Moment größer ist als auf der Abzisse angegeben (nach GRÜNDLER [354]).

Nachtrag bei der Korrektur

Wie auf Seite 85 erwähnt, sind bisher in dünnen Schichten keine reversiblen Wandbewegungen beobachtet worden. Kürzlich konnte jedoch BOSTANJOGLO [355] durch elektronenmikroskopische Untersuchungen erstmals feststellen, daß in Eisen- und Permalloyschichten reversible Wandbewegungen auftreten, wenn die Schichten unter 20°K gekühlt werden; Unter dem Einfluß eines Feldes wölbt sich die Wand aus; wird danach das Feld vermindert, geht die Wölbung zurück, so daß die Wand wieder ihre ursprüngliche Lage annimmt.

Dieses Verhalten läßt sich durch die hier entwickelten Vorstellungen deuten: Eine zwischen zwei Haftpunkten ausgewölbte Wand hat wegen ihrer größeren Länge eine erhöhte Energie und daher das Bestreben, zu ihrem geraden Verlauf zurückzukehren. Bei 300°K wird die Wand nach ihrer Auslenkung durch das äußere Feld sofort stabilisiert, verharrt daher auch nach dem Abschalten des Feldes trotz der rücktreibenden Kraft in ihrer Lage. Bei tiefer Temperatur tritt keine Stabilisierung ein, daher kann die Wand dem Einfluß der rücktreibenden Kraft folgen und kehrt in die energetisch günstigere Ausgangslage zurück.

Ferner wurde festgestellt [358,359], daß Schichten mit antiferromagnetischen Bestandteilen wie CoO und FeS nach dem Unterschreiten des NÉEL-Punktes eine starke Verminderung des BARKHAUSEN-Effektes zeigen. Dies ist wahrscheinlich auf die „außergewöhnliche Nachwirkung" (3.2.6.), eine Änderung des

Potentialgebirges durch antiferromagnetische Fixierung der Bereichs- und Ripplestruktur sowie eine erleichterte Drehung der Magnetisierung in kleinen Gebieten analog zu der von COHEN [287] beobachteten Erscheinung zurückzuführen.

13. Zusammenfassung

1. *Kritische Darstellung bisheriger Theorien.* Die vorliegenden Erklärungen des BARKHAUSEN-Effektes sowie der Nachwirkungserscheinungen in Ferromagnetika werden zusammenfassend behandelt. Zur möglichst anschaulichen Interpretation erfolgt die Deutung mit Hilfe mechanischer und elektrischer Modelle. Hierdurch lassen sich die aus der Literatur bekannten, wenig übersichtlichen Theorien der thermisch aktivierten Nachwirkung in einfacher Weise ableiten und diskutieren.

Die thermisch aktivierte Nachwirkung in dünnen ferromagnetischen Schichten, in Schichten aus kleinen ferromagnetischen Teilchen sowie im massiven Material zeigen völlig verschiedene Abhängigkeiten von der Temperatur, dem Feld und der Zeit; sie wurden deshalb in der Literatur getrennt behandelt. Hier wird gezeigt, daß sich die Effekte gemeinsam darstellen lassen; es wird eine allgemeine Formel angegeben, die die genannten Vorgänge als Spezialfälle enthält. Das unterschiedliche Verhalten wird anschaulich erklärt.

2. *Experimentelle Ergebnisse.* Die eigenen Experimente gehen hinsichtlich der Zahl der untersuchten Stoffe, sowie des Temperatur- und Frequenzbereichs über das bekannte Erfahrungsmaterial hinaus. Es wurden folgende neue Effekte festgestellt, die nach den bisherigen Vorstellungen nicht zu erwarten waren:

a) Die Intensität des BARKHAUSEN-Effektes in dünnen Schichten aus Eisen, Kobalt und Permalloy sowie in massivem Eisen nimmt mit sinkender Temperatur sehr stark ab. Durch genügend tiefe Temperaturen läßt sich der BARKHAUSEN-Effekt fast völlig unterdrücken.

b) Das Ausmaß der Wandbewegung im konstanten Feld (thermisch aktivierte Nachwirkung) nimmt in dünnen Schichten mit sinkender Temperatur stark zu.

c) Die Geschwindigkeit der thermisch aktivierten Wandbewegung im konstanten Feld zeigt quantitative Abweichungen von der Theorie nach STACEY.

d) In dünnen Schichten nimmt die Wandbewegungsfeldstärke (Koerzitivkraft) zu, wenn eine Wand längere Zeit an einem Ort der Schicht ruht.

e) Das Wandkriechen in dünnen Schichten unter dem gleichzeitigen Einfluß von Gleich- und Wechselfeldern wird nicht nur entsprechend den vorliegenden Theorien durch die Änderung der Felder verursacht, sondern setzt sich auch im konstanten Feld fort. Diese Wandbewegung ist bei tiefen Temperaturen besonders intensiv und muß daher in der Konstruktion von Tieftemperaturspeichern für Rechenanlagen berücksichtigt werden.

3. *Deutung der Resultate.* Zur Erklärung der experimentellen Befunde werden hier der BARKHAUSEN-Effekt und die Nachwirkung, die in der Literatur bisher als verschiedene Erscheinungen isoliert voneinander betrachtet wurden, zu einer Einheit zusammengefaßt. Ferner werden Parallelen zu Nachwirkungserscheinungen bei der plastischen Deformation von Festkörpern herangezogen. Insbesondere wird gezeigt, daß das Verhalten magnetischer Wände und mechanischer Versetzungen Übereinstimmungen bis in atomare Dimensionen aufweist. So lassen sich unter anderem die BARKHAUSEN-Sprünge als magnetisches Analogon zum PORTEVIN-LE CHATELIER-Effekt (sprunghafte Dehnung eines Materials unter kontinuierlich ansteigender Last) beschreiben. Auf Grund dieser Überlegungen wird ein neues Wandbewegungsmodell vorgeschlagen, das die beobachteten Erscheinungen zu deuten gestattet.

Literaturverzeichnis

1. H. Barkhausen: Phys. Z. *20*, 401 (1919)

2. H. Barkhausen: Z. techn. Physik *5*, 518 (1924)

3. K. Stierstadt: Springer Tracts in Modern Physics Vol. 40, Berlin, Heidelberg, New York: Springer-Verlag 1966

4. H. Kronmüller: „Nachwirkung in Ferromagnetika", Berlin-Heidelberg-New York: Springer Verlag 1968 (Springer Tracts in Natural Philosophy Vol. 12)

5. „Magnetism and Magnetic Materials 1967 Digest", New York and London: Academic Press: 1967

6. A. Seeger u. H. Kronmüller in E. Kneller: „Ferromagnetismus", Berlin-Göttingen-Heidelberg: Springer Verlag 1962

7. J. H. Van Vleck: in „Magnetic Properties of Metals and Alloys", Cleveland, Ohio: American Society for Metals 1959

8. L. F. Bates: „Modern Magnetism", Cambridge: University Press 1961

9. A. H. Morrish: „The Physical Principles of Magnetism", New York-London-Sydney: John Wiley and Sons, Inc. 1965

10. S. Chikazumi: „Physics of Magnetism", New York-London-Sydney: John Wiley and Sons, Inc. 1964

11. A. Haug: „Theoretische Festkörperphysik" Band 1, Wien: Franz Deuticke 1964

12. S. Müller u. H. Lange: Z. angew. Phys. *17*, 142 (164)

13. W. F. Brown, Jr.: „Magnetostatic Principles in Ferromagnetism", Amsterdam: North-Holland Publ. Comp. 1962

14. W. Döring: in „Handbuch der Physik" Band XVIII/2, Berlin, Heidelberg, New York: Springer-Verlag 1966

15. S. SHTRIKMAN u. D. TREVES: in „Magnetism" Vol. III edited by G. T. Rado u. H. Suhl, New York and London: Academic Press 1963

16. E. FELDTKELLER: Z. angew. Phys. *19*, 530 (1965)

17. E. KNELLER: „Ferromagnetismus", Berlin, Göttingen, Heidelberg: Springer-Verlag 1962

18. R. BECKER u. W. DÖRING: „Ferromagnetismus", Berlin: Springer 1939

19. C. KITTEL, J. K. GALT: Solid State Physics *3*, 437 (1956)

20. A. MAGER: Nickel-Berichte *24*, 65 (1966)

21. W. ANDRÄ: Brit. J. Appl. Phys. Ser. 2 *1*, 1 (1968)

22. D. J. CRAIK: J. Appl. Phys. *38*, 931 (1967)

23. L. F. BATES: Proc. Phys. Soc. *84*, 625 (1964)

24. R. CAREY u. E. D. ISAAC: „Magnetic Domains and Techniques for their Observation", London: The English Universities Press Limited 1966

25. D. J. CRAIK u. R. S. TEBBLE: „Ferromagnetism and Ferromagnetic Domains", Amsterdam: North-Holland, Publ. Comp. 1965

26. M. KERSTEN: in „Technik der Magnetspeicher", (Herausgeber F. Winckel), Berlin, Göttingen, Heidelberg: Springer 1960

27. H. J. WILLIAMS u. R. C. SHERWOOD: in „Magnetic Properties. . ." siehe [7]

28. J. F. DILLON, Jr.: in „Magnetism"; siehe [15]

29. D. O. SMITH: in „Magnetism"; siehe [15]

30. K. H. STEWART: „Ferromagnetic Domains", Cambridge University Press 1954

31. C. HECK: „Magnetische Werkstoffe und ihre technische Anwendung", Heidelberg: Dr. Alfred Hüthig Verlag 1967

32. K. M. KOCH u. W. JELLINGHAUS: „Einführung in die Physik der magnetischen Werkstoffe", Wien: Verlag Franz Deuticke 1957

33. „Probleme der technischen Magnetisierungskurve“ (Herausgeber R. Becker), Berlin: Springer 1938

34. P. WEISS: J. de Physique *6*, 661 (1907)

35. J. A. EWING: „Magnetische Induktion in Eisen und verwandten Metallen“, Berlin: Springer; München: Oldenbourg 1892

36. F. BLOCH: Z. Phys. *74*, 295 (1932)

37. L. LANDAU u. E. LIFSHITZ: Phys. Z. Sowjetunion *8*, 153 (1935)

38. C. KITTEL: Phys. Rev. *70*, 965 (1946)

39. C. KITTEL: Rev. Mod. Phys. *21*, 541 (1949)

40. L. NÉEL: J. Phys. Radium *5*, 241, 265 (1944)

41. J. FRENKEL u. J. DORFMAN: Nature *126*, 274 (1930)

42. E. P. WOHLFARTH: in „Magnetism“, siehe [15]

43. A. AHARONI: J. Appl. Phys. *38*, 3196 (1967)

44. H. D. DIETZE u. H. THOMAS: Z. Phys. *163*, 523 (1961)

45. A. HOLZ u. A. HUBERT: Z. angew. Phys. *26*, 145 (1969)

46. J. A. OSBORN: Phys. Rev. *67*, 351 (1945)

47. C. H. TOLMAN: J. Appl. Phys. *38*, 4538 (1967)

48. M. S. BLOIS, Jr.: J. Appl. Phys. *26*, 975 (1955)

49. R. M. BOZORTH: Rev. Mod. Phys. *25*, 42 (1953)

50. L. NÉEL: J. Phys. Radium *15*, 225 (1954)

51. C. D. GRAHAM, Jr.: in „Magnetic Properties. . .“, siehe [7]

52. G. KNEER u. W. ZINN: phys.stat.sol. *17*, 323 (1966)

53. F. PFEIFER: Z. Metallkunde *57*, 240, 295 (1966)

54. W. METZDORF: Z. angew. Phys. *18*, 534 (1965)

55. W. H. MEIKLEJOHN: J. Appl. Phys. *29*, 454 (1958)

56. W. H. MEIKLEJOHN: J. Appl. Phys. *33* Suppl., 1328 (1962)

57. W. H. MEIKLEJOHN: Phys. Bl. *14*, 311 (1958)

58. C. P. BEAN: in „Structure and Properties of Thin Films", Internat. Conf. Bolten Landing, New York 1959, New York, London: John Wiley and Sons

59. E. KNELLER: in „Handbuch der Physik" Bd. XVIII/2, Berlin, Heidelberg, New York: Springer-Verlag 1966

60. I. S. JACOBS u. C. P. BEAN: in „Magnetism", siehe [15]

61. L. NÉEL: Ann. de physique *2*, 61 (1967)

62. J. H. GREINER: J. Appl. Phys. *37*, 1474 (1966)

63. A. A. GLAZER, A. P. POTAPOV, R. I. TAGIROV u. Y. S. SHUR: phys.stat.sol. *16*, 745 (1966)

64. D. PACCARD, C. SCHLENKER, O. MASSENET, R. MONTMORY u. A. YELON: phys.stat.sol. *16*, 301 (1966)

65. F. B. HAGEDORN: J. Appl. Phys. *38*, 3641 (1967)

66. I. S. JACOBS u. J. S. KOUVEL: Phys. Rev. *122*, 412 (1961)

67. G. KIEPER: I. phys. Inst. TU Berlin, Diplomarbeit 1970

68. A. HUBERT: Diss. München 1965

69. C. A. FOWLER, E. M. FRYER u. D. TREVES: J. Appl. Phys. *31*, 2267 (1960)

70. R. W. DE BLOIS: J. Appl. Phys. *36*, 1647 (1965)

71. W. C. ELMORE: Phys. Rev. *54*, 1092 (1938)

72. M. PRUTTON: „Thin Ferromagnetic Films", London: Butterworths 1964

73. R. F. SOOHOO: „Magnetic Thin Films", New York, Evanston, London: Harper a. Row 1965

74. D. O. SMITH: IEEE Trans. on Magnetics, Vol. MAG-3, 433 (1967)

75. S. MIDDELHOEK: Diss. Amsterdam 1961

76. E. FELDTKELLER: Z. angew. Phys. *17*, 121 (1964)

77. W. KAYSER: Elektron. Rechenanl. *4*, 60 (1962)

78. J. I. RAFFEL: J. Appl. Phys. *35*, 748 (1964)

79. W. ANDRÄ: phys.stat.sol. *2*, 99, 941 (1962)

80. W. ANDRÄ: Z. angew. Phys. *13*, 141 (1961)

81. E. W. PUGH: in „Physics of thin Films", Vol. 1, New York: Academic Press 1963

82. A. DRIGO u. M. PIZZO: Nuovo Cimento *5*, 1 (1948)

83. H. BOERSCH u. M. LAMBECK: Z. Phys. *159*, 248 (1960)

84. L. NÉEL: C. R. Acad. Sci. Paris *241*, 533 (1955)

85. H. BOERSCH u. M. LAMBECK: Z. Phys. *165*, 176 (1961)

86. H. BOERSCH, H. HAMISCH, K. GROHMANN u. D. WOHLLEBEN: Z. Phys. *159*, 397 (1960)

87. H. BOERSCH, H. HAMISCH, K. GROHMANN u. D. WOHLLEBEN: Z. Phys. *167*, 72 (1962)

88. H. BOERSCH: in „Ber. Arbeitsgem. Ferromagnetismus", Düsseldorf: Stahleisen 1960

89. E. FUCHS: Z. angew. Phys. *13*, 157 (1961)

90. E. FELDTKELLER u. H. THOMAS: Phys. Kondens. Materie *4*, 8 (1965)

91. E. FELDTKELLER, E. FUCHS u. W. LIESK: Z. angew. Phys. *18*, 370 (1965)

92. E. FELDTKELLER u. E. FUCHS: Z. angew. Phys. *18*, 1 (1964)

93. S. MIDDELHOEK: J. Appl. Phys. *34*, 1054 (1963)

94. A. L. OLSON, H. N. OREDSON u. E. J. TOROK: J. Appl. Phys. *38*, 1349 (1967)

95. A. L. OLSON: J. Appl. Phys. *38*, 1869 (1967)

96. G. A. WALKER u. C. O. HEINZEL: J. Appl. Phys. *38*, 680 (1967)

97. L. REIMER: Z. angew. Phys. *18*, 373 (1965)

98. F. J. FRIEDLAENDER u. L. F. SILVA: J. Appl. Phys. *36*, 946 (1965)

99. E. FUCHS: Z. angew. Phys. *14*, 203 (1962)

100. H. HOFFMANN: Habilitationsschrift, München 1965

101. H. HOFFMANN: J. Appl. Phys. *35*, 1790 (1964)

102. H. HOFFMANN: Phys. Kondens. Materie *2*, 32 (1964)

103. E. FELDTKELLER: J. Appl. Phys. *34*, 2646 (1963)

104. J. ECKARDT: Z. angew. Phys. *17*, 202 (1964)

105. C. GREINER: Ann. Phys. Leipzig *12*, 89 (1953)

106. M. KERSTEN: „Grundlagen einer Theorie der ferromagnetischen Hysterese und der Koerzitivkraft", Leipzig: Hirzel 1943

107. A. MAGER: Z. angew. Phys. *23*, 164 (1967)

108. A. MAGER u. H. HILLMANN: Z. angew. Phys. *13*, 171 (1961)

109. H. LÜTGEMEIER: Z. angew. Phys. *16*, 167 (1963)

110. V. L. NEWHOUSE: Proc. Phys. Soc. (A) *65*, 325 (1952)

111. K. STIERSTADT u. H. J. GEILE: Z. Phys. *180*, 66 (1964)

112. G. HAACKE u. J. JAUMANN: Z. angew. Phys. *12*, 289 (1960)

113. H. MARKERT: phys.stat.sol. *20*, K 67 (1967)

114. K. M. KOCH u. K. STRNAT: Elektrotechnik und Maschinenbau *73*, 493 (1956)

115. K. ZSCHIESCHE: Z. Phys. *11*, 201 (1922)

116. B. CHALMERS u. E. N. da C. ANDRADE: Nature *129*, 650 (1932)

117. W. Gerlach u. P. Lertes: Phys. Z. *22*, 568 (1921)

118. W. Gerlach u. P. Lertes: Z. Phys. *4*, 383 (1921)

119. J. Pfaffenberger: Ann. Phys. *87*, 737 (1928)

120. E. P. T. Tyndall: Phys. Rev. *24*, 439 (1924)

121. R. M. Bozorth: Phys. Rev. *34*, 772 (1929)

122. R. M. Bozorth u. J. F. Dillinger: Phys. Rev. *35*, 733 (1930)

123. R. M. Bozorth u. J. F. Dillinger: Nature *127*, 777 (1931)

124. R. S. Tebble, I. C. Skidmore u. W. D. Corner: Proc. Phys. Soc. (A) *63*, 739 (1950)

125. K. H. Stewart: Proc. Phys. Soc. (A) *63*, 761 (1950)

126. N. C. Ford, Jr. u. E. W. Pugh: J. Appl. Phys. *30* Suppl., 270 (1959)

127. F. Preisach: Phys. Z. *33*, 913 (1932)

128. K. J. Sixtus u. L. Tonks: Phys. Rev. *37*, 930 (1931)

129. K. J. Sixtus u. L. Tonks: Phys. Rev. *43*, 931 (1933)

130. K. J. Sixtus: Beitrag in [33]

131. T. Huzimura: J. Phys. Soc. Japan *5*, 56 (1950)

132. W. B. Hatfield: J. Appl. Phys. *37*, 1935 (1966)

133. R. W. De Blois: J. Appl. Phys. *29*, 459 (1958)

134. J. Brackmann, W. Kusterer u. W. Metzdorf: Z. angew. Phys. *13*, 313 (1961)

135. W. Döring: Z. Naturforschung *3 a*, 373 (1948)

136. W. Hampe: Z. angew. Phys. *20*, 201 (1966)

137. U. Enz: Helv. Physica Acta *37*, 245 (1964)

138. W. Hampe: Z. angew. Phys. *18*, 395 (1965)

139. U. Enz: Phys. Rev. *131*, 1392 (1963)

140. E. Feldtkeller: phys.stat.sol. *27*, 161 (1968)

141. Lord Rayleigh: Phil Mag. *23*, Serie 5, 225 (1887)

142. L. Néel: Cahiers de physique *2*, Heft 8, 65 (1942)

143. L. Néel: Cahiers de physique *2*, Heft 12, 2 (1942)

144. L. Néel u. G. Glinski: Cahiers de physique *2*, Heft 11, 73 (1942)

145. A. Koller: Diss. München 1966

146. A. Koller: Z. angew. Phys. *23*, 161 (1967)

147. A. Koller: Z. angew. Phys. *24*, 164 (1968)

148. W. Hampe: Z. angew. Phys. *15*, 249 (1963)

149. W. Hampe u. H. Bilger: Z. angew. Phys. *15*, 391 (1963)

150. J. A. Baldwin, Jr.: J. Appl. Phys. *38*, 501 (1967)

151. D. S. Rodbell u. C. P. Bean: Phys. Rev. *103*, 886 (1956)

152. L. Néel: J. Phys. Radium *11*, 49 (1950)

153. L. Néel: J. Phys. Radium *12*, 339 (1951)

154. L. Néel: J. Phys. Radium *13*, 249 (1952)

155. L. Néel: J. Appl. Phys. *30* Suppl., 3 (1959)

156. G. W. Rathenau: in „Magnetic Properties. . .“ siehe [7]

157. H. Wilde: Frequenz *3*, 309 u. 348 (1949)

158. H. Kindler u. A. Thoma: Arch. Elektrotechnik *30*, 514 (1936)

159. K. W. Wagner: Ann. Phys. *40*, 817 (1913)

160. Lord Rayleigh: Phil. Trans. 569 (1885)

161. J. A. Ewing: Proc. Roy. Soc. *46*, 269 (1889)

162. H. JORDAN : Elektrische Nachrichtentechnik *1*, 7 (1924)

163. H. SCHULZE: Wiss. Veröff. Siemens Werke *17*, 151 (1938)

164. G. RICHTER: Ann. Phys. *29*, 605 (1937)

165. F. PREISACH: Z. Phys. *94*, 277 (1935)

166. P. C. HERMANN: Z. Phys. *84*, 565 (1933)

167. R. FELDTKELLER: „Spulen und Übertrager", Stuttgart: S. Hirzel Verlag 1949

168. R. FELDTKELLER u. H. HETTICH: Z. angew. Phys. *2*, 494 (1950)

169. D. STOLL: Z. angew. Phys. *19*, 334 (1965)

170. J. L. SNOEK: Physica *5*, 663 (1938)

171. J. L. SNOEK: Physica *6*, 591 (1939)

172. H. SCHULZE: Beitrag in [33]

173. Y. TOMONO: J. Phys. Soc. Japan 7, 174 (1952)

174. J. L. SNOEK: „Neuentwicklungen von ferromagnetischen Werkstoffen", Berlin: Verlag Technik 1953

175. G. W. RATHENAU: J. Appl. Phys. *29*, 239 (1958)

176. P. SCHILLER: Z. Metallkunde *53*, 9 (1962)

177. W. KÖSTER : Z. Metallkunde *53*, 17 (1962)

178. H. FRANZ, Z. Metallkunde *53*, 27 (1962)

179. P. BRISSONNEAU: C. R. Acad. Sci. Paris *239*, 346 (1954)

180. P. BRISSONNEAU: J. Phys. Chem. Solids 7, 22 (1958)

181. P. BRISSONNEAU: C. R. Acad. Sci. Paris *244*, 1341 (1957)

182. A. J. BOSMAN u. G. DE VRIES: Ned. T. Natuurk. *27*, 65 (1961)

183. H. P. J. WIJN u. H. VAN DER HEIDE: Rev. Mod. Phys. *25*, 98 (1953)

184. E. ADLER: Z. angew. Phys. *15*, 250 (1963)

185. E. ADLER u. C. RADELOFF: Z. angew. Phys. *18*, 482 (1965)

186. E. ADLER: Z. Metallkunde *56*, 470 (1965)

187. E. ADLER u. C. RADELOFF: Z. angew. Phys. *20*, 46 (1965)

188. E. ADLER u. C. RADELOFF: Z. angew. Phys. *20*, 346 (1966)

189. C. RADELOFF u. E. ADLER: Z. angew. Phys. *25*, 45 (1968)

190. A. SEEGER: in „Magnetismus", Leipzig: Deutscher Verlag für Grundstoffindustrie 1967

191. A. SEEGER, H. KRONMÜLLER u. H. RIEGER: Z. angew. Phys. *18*, 377 (1965)

192. L. NÉEL: Z. angew. Phys. *17*, 113 (1964)

193. H. D. DIETZE: Techn. Mitt. Krupp *17*, 67 (1959)

194. E. BALTHESEN, K. ISEBECK u. H. WENZL: phys.stat.sol. *8*, 603 (1965)

195. P. MOSER, D. DAUTREPPE u. P. BRISSONNEAU: C. R. Acad. Sci. Paris *250*, 3963 (1960)

196. P. MOSER u. D. DAUTREPPE: J. Phys. *24*, 516 (1963)

197. A. SEEGER, F. WALZ u. H. KRONMÜLLER: J. Appl. Phys. *38*, 1312 (1967)

198. P. PERETTO, P. MOSER u. D. DAUTREPPE: C. R. Acad. Sci. Paris *258*, 499 (1964)

199. P. PERETTO, J. L. ODDOU, C. MINIER-CASSAYRE, D. DAUTREPPE u. P. MOSER: phys.stat.sol. *16*, 281 (1966)

200. B. W. LOVELL u. D. J. EPSTEIN: J. Appl. Phys. *34*, 1115 (1963)

201. B. A. CALHOUN: J. Appl. Phys. *30* Suppl., 293 (1959)

202. J. F. JANAK: M.I.T. Laboratory for Insulation Research Report (prepared by D. J. EPSTEIN), July 1962

203. J. F. JANAK: J. Appl. Phys. *34*, 3356 (1963)

204. A. FERRO, P. MAZZETTI u. G. MONTALENTI: Appl. Phys. Letters 7, 118 (1965)

205. L. NÉEL: C. R. Acad. Sci Paris *228*, 664 (1949)

206. R. STREET u. J. C. WOOLLEY: Proc. Phys. Soc. (A) *62*, 562 (1949)

207. R. STREET u. J. C. WOOLLEY : Proc. Phys. Soc. (B) *63* 509 (1950)

208. R. STREET, J. C. WOOLLEY u. P. B. SMITH: Proc. Phys. Soc. (B) *65*, 679 (1952)

209. F. D. STACEY: Austral. J. Phys. *13*, 599 (1960)

210. W. F. BROWN, Jr.: in „Fluctuation Phenomena in Solids“ edited by R. E. Burgess, New York, London: Academic Press 1965

211. R. W. OLMEN u. E. N. MITCHELL: J. Appl. Phys. *30* Suppl., 258 (1959)

212. L. NÉEL: Rev. Mod. Phys. *25*, 293 (1953)

213. H. J. TAFEL: FTZ *6*, 17 (1953)

214. W. F. BROWN, Jr.: J. Appl. Phys. *30*, Suppl. 130 (1959)

215. W. F. BROWN, Jr.: J. Appl. Phys. *34*, 1319 (1963)

216. A. AHARONI: Phys. Rev. *135* A, 446 (1964)

217. F. D. STACEY: Proc. Phys. Soc. *73*, 136 (1959)

218. E. KNELLER: in „Handbuch der Physik“ XVIII/2, p. 438 ff., Berlin, Heidelberg, New York: Springer-Verlag 1966

219. L. WEIL: J. Chim. Phys. *51*, 715 (1954)

220. C. P. BEAN u. J. D. LIVINGSTON: J. Appl. Phys. *30* Suppl. 120 (1959)

221. E. F. KNELLER u. F. E. LUBORSKY: J. Appl. Phys. *34*, 656 (1963)

222. W. HELLENTHAL: Z. Phys. *184*, 39 (1965)

223. W. HELLENTHAL: Naturwissenschaften *47*, 371 (1960)

224. W. HELLENTHAL: Z. Phys. *177*, 215 (1964)

225. W. HELLENTHAL: Z. Geophys. *30*, 282 (1964)

226. E. P. WOHLFARTH: J. Elec. Control *10*, 33 (1961)

227. O. YAMADA: Z. Phys. *142*, 225 (1955)

228. J. C. BARBIER: Annales de physique *9*, 84 (1954)

229. A. KUSSMANN u. O. YAMADA: Arch. Elektrotechnik *42*, 237 (1956)

230. R. FELDTKELLER u. G. SORGER: Z. angew. Phys. *6*, 390 (1954)

231. W. METZDORF: Z. angew. Phys. *11*, 95 (1959)

232. E. PFRENGER: Diss. München 1966

233. E. PFRENGER: Z. angew. Phys. *23*, 25 (1967)

234. H. BITTEL: in „Festkörperprobleme I" (Herausgeber: F. Sauter), Braunschweig: Vieweg 1962

235. H. BITTEL: „Physikertagung Stuttgart 1963", Mosbach/Baden: Physik Verlag

236. D. STOLL: Z. angew. Phys. *21*, 232 (1966)

237. E. PFRENGER u. K. STIERSTADT: Z. angew. Phys. *23*, 20 (1967)

238. K. STIERSTADT: Naturwissenschaften *54*, 553 (1967)

239. D. J. CRAIK u. M. J. WOOD: phys.stat.sol. *16*, 321 (1966)

240. D. J. CRAIK u. M. J. WOOD: phys.stat.sol. *28*, 407 (1968)

241. P. COURVOISIER: Sitzber.bayer. Akad. Wiss. Math.-naturw. Kl. *10*, 89 (1945/46)

242. C. SCHWINK: phys.stat.sol. *18*, 557 (1966)

243. O. BOSTANJOGLO: I. phys. Inst. TU Berlin: Privatmitteilung

244. H. RIEGER: Z. Metallkunde *54*, 229 (1963)

245. N. F. MOTT: „Atomare Struktur und Festigkeit der Metalle" Braunschweig: Vieweg 1961

246. C. KITTEL: „Einführung in die Festkörperphysik", München, Wien: Oldenbourg 1968

247. A. SEEGER: Z. Naturforschung *9 a*, 758 (1954)

248. A. SEEGER: in „Handbuch der Physik" VII/1, p. 383 ff., Berlin, Göttingen, Heidelberg: Springer-Verlag 1955

249. A. SEEGER: in „Handbuch der Physik" VII/2, p. 1 ff., Berlin, Göttingen, Heidelberg: Springer-Verlag 1958

250. A. KOCHENDÖRFER: Phys. Bl. 7, 151, 252 (1951)

251. A. JOFFÉ u. M. LEWITSKY: Z. Phys. *31*, 576 (1925)

252. C. HERRING u. J. K. GALT: Phys. Rev. *85*, 1060 (1952)

253. M. KERSTEN: Z. angew. Phys. *8*, 496 (1956)

254. A. H. COTTRELL u. M. A. JASWON: Proc. Roy. Soc. *A 199*, 104 (1949)

255. A. H. COTTRELL, S. C. HUNTER u. F. R. N. NABARRO: Phil. Mag. Ser. 7, *44*, 1064 (1953)

256. M. J. DUMBLETON: Proc. Phys. Soc. B *67*, 98 (1954)

257. „Dislocations and Mechanical Properties of Crystals", New York: John Wiley and Sons Inc. 1957

258. A. M. FREUDENTHAL: „Inelastisches Verhalten von Werkstoffen", Berlin: Verlag Technik 1955

259. D. Mc LEAN: „Mechanical Properties of Metals", New York, London: John Wiley and Sons, Inc. 1962

260. P. TÄUBERT: „Metallphysik", Zürich, Frankfurt/M.: Verlag Harri Deutsch 1964

261. „Verformung und Fließen des Festkörpers", Kolloquium Madrid (Herausgeber: R. Grammel), Berlin, Göttingen, Heidelberg: Springer-Verlag 1956

262. A. H. COTTRELL: „Theory of Crystal Dislocations“, London, Glasgow: Blackie and Son Ltd. 1964

263. A. H. COTTRELL: „An Introduction to Metallurgy“, London: Edward Arnold Ltd. 1967

264. A. PORTEVIN u. F. LE CHATELIER: C. R. Acad. Sci. Paris *176*, *1*, 507 (1923)

265. A. H. COTTRELL: Phil. Mag. *44*, (Ser. 7) 829 (1953)

266. D. W. BAINBRIDGE, CHOH HSIEN LI u. E. H. EDWARDS: Acta Met. *2*, 322 (1954)

267. D. O. SMITH: J. Appl. Phys. *29*, 264 (1958)

268. D. O. SMITH u. K. J. HARTE: J. Appl. Phys. *33* Suppl., 1399 (1962)

269. E. M. GYORGY: J. Appl. Phys. *31* Suppl., 110 (1960)

270. W. DIETRICH, W. E. PROEBSTER u. P. WOLF: IBM J. Res. Dev. *4*, 189 (1960)

271. E. FELDTKELLER: Z. angew. Phys. *12*, 257 (1960)

272. D. A. THOMPSON u. H. CHANG: phys.stat.sol. *17*, 83 (1966)

273. F. B. HAGEDORN: J. Appl. Phys. *30* Suppl., 254 (1959)

274. K. U. STEIN: Z. angew. Phys. *18*, 528 (1965)

275. K. U. STEIN: Z. angew. Phys. *20*, 323 (1966)

276. J. A. COPELAND u. F. B. HUMPHREY: J. Appl. Phys. *34*, 1211 (1963)

277. N. C. FORD, Jr.: J. Appl. Phys. *31* Suppl., 300 (1960)

278. S. MIDDELHOEK: IBM J. Res. Dev. *10*, 351 (1966)

279. R. L. CONGER u. G. H. MOORE: J. Appl. Phys. *34*, 1213 (1963)

280. C. E. PATTON u. F. B. HUMPHREY: J. Appl. Phys. *38*, 4102 (1967)

281. O. S. KOLOTOV, T. N. LETOVA, V. A. POGOZHEV u. R. V. TELESNIN: phys.stat.sol. *16*, K 121 (1966)

282. D. J. FRANTSVOG: North Dakota Acad. Sci. Proc., Vol. XV, 1961 Meeting

283. L. F. BATES, D. J. CRAIK u. S. RUSHTON: Proc. Phys. Soc. *80*, 768 (1962)

284. L. F. BATES u. S. SPIVEY: Proc. Internat. Conference on Magnetism, Nottingham 1964

285. W. DIEZ: I. phys. Inst. TU Berlin, Studienarbeit 1964

286. D. KLAFFKE: I. phys. Inst. TU Berlin, Studienarbeit 1968

287. M. S. COHEN: J. Appl. Phys. *38*, 860 (1967)

288. S. MIDDELHOEK: IBM Journal *6*, 140 (1962)

289. W. METZDORF: Z. angew. Phys. *14*, 412 (1962)

290. S. MIDDELHOEK: Z. angew. Phys. *14*, 191 (1962)

291. H. BOERSCH, M. LAMBECK u. W. RAITH: Naturwissenschaften *46*, 595 (1959)

292. H. BOERSCH u. M. LAMBECK: in „Electric and Magnetic Properties of thin metallic Layers“, p. 91 ff., Brüssel: Kgl. Akad. Wiss. 1961

293. H. BOERSCH u. M. LAMBECK: Z. Phys. *177*, 157 (1964)

294. M. LAMBECK: Z. Phys. *179*, 161 (1964)

295. M. LAMBECK, L. MICHEL u. M. WALDSCHMIDT: Z. angew. Phys. *15*, 369 (1963)

296. M. LAMBECK; Diss. Berlin 1964

297. M. LAMBECK: Z. angew. Phys. *15*, 272 (1963)

298. M. LAMBECK: Z. angew. Phys. *18*, 506 (1965)

299. M. LAMBECK: IEEE Trans. on Magnetics Vol. MAG-2, 301 (1966)

300. M. LAMBECK: IEEE Trans. on Magnetics Vol. MAG-4, 51 (1968)

301. J. M. BALLANTYNE: J. Appl. Phys. *33*, Suppl., 1067 (1962)

302. R. J. Spain, H. I. Jauvtis u. H. W. Fuller: J. Appl. Phys. *36*, 1103 (1965)

303. R. J. Spain u. H. I. Jauvtis: J. Appl. Phys. *37*, 2572 (1966)

304. R. J. Spain: IEEE Trans. on Magnetics Vol. MAG-2, 347 (1966)

305. M. Lambeck: J. Appl. Phys. *39*, 741 (1968)

306. A. Scheibe: I. phys. Inst. TU Berlin, Diplomarbeit 1969

307. H. Boersch, O. Bostanjoglo u. H. Fichtner: Verhandl. DPG (VI) *4*, 123 (1969)

308. W. Liesk: Z. angew. Phys. *14*, 200 (1962)

309. N. M. Salanski, A. M. Roditschew u. M. K. Sawtschenko: Phys. Abh. Sowjetunion *6*, 392 (1962)

310. B. Kuhlow: I. phys. Inst. TU Berlin, Diplomarbeit 1969

311. J. Eckardt: Telefunken Zeitung *37*, 177 (1964)

312. V. Irmer: I. Phys. Inst. TU Berlin, Diplomarbeit 1966

313. R. L. Coren: J. Appl. Phys. *37*, 230 (1966)

314. C. H. Tolman: J. Appl. Phys. *38*, 4538 (1967)

315. P. Brissonneau: J. Phys. Radium *19*, 490 (1958)

316. J. H. Phillips, J. C. Woolley u. R. Street: Proc. Phys. Soc. (B) *68*, 345 (1955)

317. J. C. Barbier: Ann. de physique *9*, 84 (1954)

318. H. Kronmüller: in „Moderne Probleme der Metallphysik“ Bd. 2, (Herausgeber: A. Seeger), Berlin, Heidelberg, New-York: Springer-Verlag 1966

319. H. Träuble: in „Moderne Probleme. . .“ siehe [318]

320. W. Franz: in „Handbuch der Physik“ Bd. XVII, p. 155 ff., Berlin, Göttingen, Heidelberg: Springer-Verlag 1956

321. L. Esaki: Phys. Rev. *109*, 603 (1958)

322. I. Giaever u. K. Megerle: Phys. Rev. *122*, 1101 (1961)

323. R. Gremmelmeier: in „Festkörperprobleme" Bd. 1, 20 (1962) (Herausgeber: F. Sauter), Braunschweig: Vieweg

324. B. D. Josephson: Physics Letters *1*, 251 (1962)

325. G. Wade, R. J. Briggs u. L. Lesensky: J. Appl. Phys. *33*, 836 (1962)

326. C. A. Neugebauer u. M. B. Webb: J. Appl. Phys. *33*, 74 (1962)

327. T. E. Hartman: J. Appl. Phys. *34*, 943 (1963)

328. J. O. Hirschfelder u. E. Wigner: J. Chem. Phys. 7, 616 (1939)

329. K. Clusius: Die Chemie *56*, 241 (1943)

330. St. G. Christov: Z. Elektrochemie *62*, 567 (1958)

331. M. Shockley: Diskussion zu [334]

332. M. Seitz: Diskussion zu [334]

333. Yü – Chang Hsieh u. I. Bloch: Phys. Rev. *83*, 228 (1951)

334. C. Crussard: Solvay-Konferenz Brüssel 1951 (L'Etat Solide)

335. G. Leibfried: in „Handbuch der Physik" Bd. VII/1, p. 104 ff., Berlin, Göttingen, Heidelberg: Springer-Verlag 1955

336. R. W. James, I. Waller u. D. R. Hartree: Proc. Roy. Soc. (A) *118*, 334 (1928)

337. R. W. James u. G. W. Brindley: Proc. Roy. Soc. (A) *121*, 155 (1928)

338. R. W. James, G. W. Brindley u. R. G. Wood: Proc. Roy. Soc. (A) *125*, 401 (1929)

339. G. Leibfried: in [261] p. 25 ff.

340. G. Leibfried: Z. Phys. *127*, 344 (1950)

341. W. Meissner, M. Polanyi u. E. Schmid: Z. Phys. *66*, 477 (1930)

342. J. W. Glen: Phil. Mag. (8), *1*, 400 (1956)

343. N. F. Mott: Phil. Mag. (8), *1*, 568 (1956)

344. E. Feldtkeller: in „Magnetismus", siehe [190]

345. W. Kayser: IEEE Trans. on Magnetics, Vol. MAG-3, 141 (1967)

346. H. Sander: I. Phys. Inst. TU Berlin, Diplomarbeit 1968

347. H. C. Bourne, Jr., T. Kusuda u. Chia – Hsiung Lin: IEEE Trans. on Magnetics, Vol. MAG-4, 440 (1968)

348. J. Kranz: Z. Phys. *139*, 619 (1954)

349. E. Pfrenger u. K. Stierstadt: Z. Naturforschung *20 a*, 492 (1965)

350. V. F. Ivlev u. V. M. Rudjak: Soviet Phys. – Doklady *3*, 571 (1958)

351. V. F. Ivlev u. V. M. Rudjak: Magninaja Struktura Ferromagnetikov, Novosibirsk 1960

352. V. F. Ivlev, V. L. Iliushenko u. L. I. Aseeva: Bull. Acad. Sci. USSR, Phys. Ser. *21*, 1239 (1957)

353. N. N. Kolachewskii: Soviet Physics JETP *9*, 278 (1959)

354. M. Gründler: I. Phys. Inst. TU Berlin, Diplomarbeit 1969

355. O. Bostanjoglo: phys.stat.sol. *37*, 247 (1970)

356. A. M. Freudenthal: Rheologica Acta *6*, 146 (1967)

357. K. Müller: Z. angew. Phys. (1970) im Druck

358. J. Wortmann: I. Phys. Inst. TU Berlin, Studienarbeit 1970

359. H. Schroeder-Fürst: I. Phys. Inst. TU Berlin, Studienarbeit 1970

Kolibri 360 GmbH
Ferdinand-Jühlke-Straße 7
99095 Erfurt, Deutschland
produktsicherheit@kolibri360.de